はじめに

世田谷区太子堂2、3丁目地区、この地域で「住民参加の修復型防災まちづくり」を1980年（昭和55）から始めて三十余年になります。

太子堂方式と呼ばれている新しい「住民参加の修復型防災まちづくり」は、再開発事業や土地区画整理事業のようなクリアランス方式とかスクラップ&ビルド方式のように、既存の建物を取り壊して街を再整備する方法ではなく、住民の合意を重視した計画を基に、家の建て替えに合わせて少しずつ街を改善していくいわばリハビリ型、リフォーム型ともいえる街づくりです。

こうした街づくりの事業手法には、当然賛否両論があります。防災を主な課題とする街づくりとしては、成果が見えるまでに時間がかかるため、住民参加の修復型街づくり事業は効率が悪い、実現の見通しが立たない、などといった批判が出ています。

反面、合意形成を重視する太子堂方式を評価する意見もあります。とくに、太子堂のように道路や敷地が狭く、建て替えが困難な木造住宅密集市街地（略称：木密地域）の再整備には、修復型の事業手法が適しているとの賛意もあります。

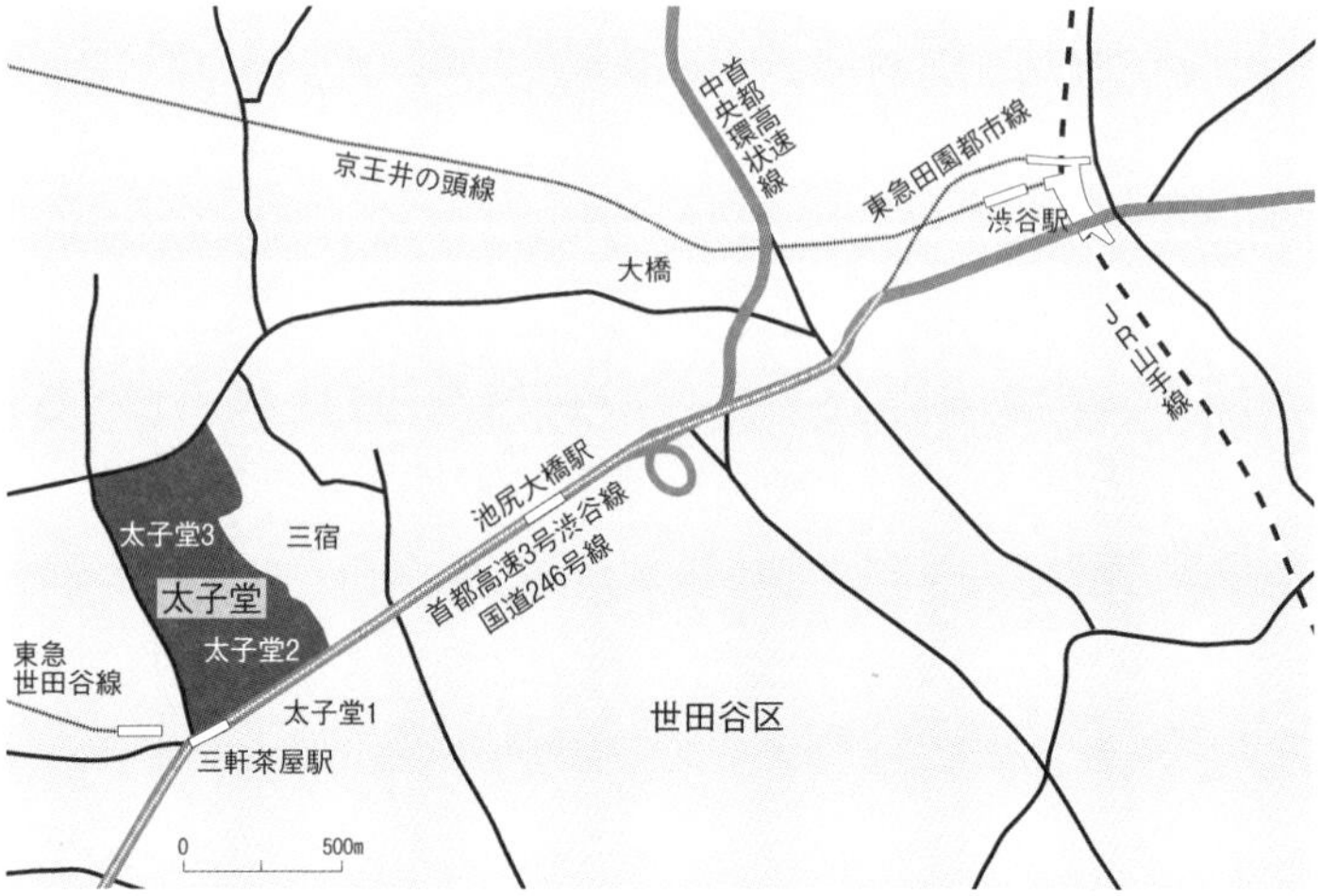

太子堂地区（密集市街地、区内でもっとも危険性の高い地区に指定された）

たしかに、首都直下地震が30年以内に70％の確率で発生するといった予測を考えると木密地域の防災対策は急がなければなりません。

しかし、大地震が来れば木密地域が危険だと判っている住民も、住み慣れたまちに住みつづけたいと願って行政の強制力をともなう街づくり事業には反対する意見が多く出ます。生活の先行きやコミュニティが破壊されるのではないかとの不安を感じるためで、その点、修復型の防災まちづくりは、住民の理解と合意が得やすいまちづくりの方法だと考えています。

東京都は、木密地域の整備、改善を促進するため、１９９５年（平成７）に「防災都市づくり推進計画」を策定して、太子堂をはじめ23区内28ヵ所の木密地域を重点整備地域に指定しました。さらに東京都は、東日本大震災を経験した２０１１年（平成23）に「木密地域不燃化10年プロジェクト」の実施を決定しました。

この不燃化プロジェクトは、不燃領域率↓用語（市街地の「燃えにくさ」を表す指標）が40％以下の木密地域を２０２０年度（平成32）までに70％まで引き上げることを目標としていますが、太子堂ではすでに２０１１年度（平成23）で63％を達成しています。

太子堂の街づくり事業は三十余年もかかっていますが、現行の事業をそのまま進めても70％の目標は達成できると考えています。23区の木密重点整備地域の整備状況を取材した日本経済新聞は、「モクミツは甦るか」と題する連載記事のなかで「太子堂や千住仲町はモクミツ地域の優等生」（２０１１年11月19日付）と太子堂の防災まちづくりを評価しています。

防災まちづくりとか、安全・安心のまちづくりの成果をどのような基準で評価するかは議論のあるところですが、三十余年も活動を続けていると太子堂のまちづくりは住民参加の先進事例として知名度が高まり、毎年多くの人たちが視察に来られます。

国内の自治体職員、地方議員、まちづくり市民グループ、学者や都市計画の専門家、学生やマスメディアなど顔触れは多彩ですが、海外からも米英をはじめ国情の違う韓国、タイ、台湾、ベトナムなどからの団体視察も多く、グローバル化時代のまちづくり交流の広がりを感じています。

こうした視察団とは、まちを案内した後で意見交換をしていますが、参加者からよく「梅津さんは、なぜ十年も二十年もまちづくり活動を続けているのですか」という質問を受けます。

韓国・順天市から来た職員の一人からは、単刀直入に「まちづくり協議会の役員はいくらお手当てを貰っていますか」と質問されたことがあります。「お手当ては貰っていません。無償の活動です」と答えると「日本では金持ちでないとまちづくりはできませんね」と言われてしまいました。

自分の住んでいるまちの安全性を高める活動は、人のためではなく自分自身の安全を確保するための活動だから無償なのは当然と考えている私は、当初こうした質問がでるのを意外に感じていました。おそらく、外部からは、まちづくり活動を長く続けているのは金銭的メリットなどがあると見られていたのかもしれません。

綺麗ごとに聞こえるかもしれませんが、私はいつも「太子堂のまちが好きで、このまちに住み続けたいとの思いが50%、あと50%は面白いから続けているのです」と質問に答えています。

まちづくりには、いろいろな人との出会いがあり、まちの歴史やまちづくりに関わる多くの知見が得られる楽しさ、面白さがあります。私とは異なる人生を歩いてきた人の経験や考え方は、自分自身の生き方を考える教訓になりますし、街づくりに関する法制度を学ぶことは、住み続けたいと願って太子堂の将来の姿を描くための糧になるからです。

ともかく、太子堂のまちづくり活動を通して、私のまちづくりに対する考えが深まり、広がってきました。街づくりの門外漢ですが、私が太子堂の活動を通してどの地域のまちづくりも次の五つの視座が必要ではないかと考えるようになりました。

①まちは、時代とともに移ろうので、街づくりは動態的な視点で検討すべきこと。

②人びとの暮らしがあるから「まち」なのだから、人のイノチ、人と人のつながりを基礎にまちづくりを考えること。

③グローバル化時代のまちづくりは、地球的視野を含めて長期的、広域的、総合的視点から深く検討していくこと。

④そのまちに住み続けたいと思う人、あるいは新たに住みたいと希望する人たちが、人任せにせず、自分たちで考え、異なる人たちとの対話を積み重ねて問題点を共有し、合意したことをみんなで実践し、その結果を検証していくこと。

⑤まちづくりには、住民の意見、利害の対立が避けられないが、対立を避けるのではなく、話し合いの「ひろば」をつくって住民と行政、それに学者・専門家の協力を得ながら「専門知」と「生活知」を融合させ、時代の変化に適応する創造的な方針・計画づくりをしていくこと。

こうした五つの視座は、私がささやかな暮らしを守り、住み続けたいと願う住民の一人として「建物や道路があるからまちなのではなく、人びとの暮らしがあるからまちなのだ」と主張し、活動してきたなかで少しずつ学んだものです。

これまで、太子堂のまちづくりに関心を持った人たちから、何度も太子堂のまちづくりをまとめて出版するように勧められながら専門家ではないので躊躇してきましたが、私もいつの間にか傘寿《さんじゅ》を超え余命も残り少なくなりました。

このため、まちづくりで学んだことを記録しておくことは、若い世代へ引き継ぐための義務であり、まちづくりを支援、協力してくださった方々への礼儀でもあると考えて筆を執りました。この小冊子が、まちづくりに取り組まれている人たちの少しでもお役に立てれば幸いに存じます。

２０１４年10月10日

太子堂２、３丁目地区まちづくり協議会

梅津 政之輔

注：記述のなかで漢字の「街づくり」は建物や道路などを対象とした都市整備、ひらがなの「まちづくり」はコミュニティづくりなどソフトを含めた総合的なまちづくりを表す言葉として使い分けています。

6章　鳥の眼と虫の眼のまちづくり　133

解題

文中の↓用語は用語解説（187ページ）を参照

写真・資料提供：世田谷区、子どもの遊びと街研究会

1章◇参加のまちづくり事始め

木造住宅が密集する太子堂地区

1 行政、住民ともに模索のスタート

一般に世田谷区というと高級住宅地のイメージがありますが、太子堂地区は世田谷の下町、庶民のまちです。地区内の道路は、曲がりくねって狭く、行き止まりの多い迷路のようなまちですが、東京の下町から移ってきた人が多く住みついたので、いまでも下町の人情が息づいているまちとなっています。

道が狭く建て詰まりの住宅密集地域

関東大震災と戦後の復興期をへて、太子堂は小さな木造の家が建て詰まり、東京23区の代表的な木造住宅密集市街地（木密地区）となりました。このため、世田谷区は大地震があると区内でもっとも危険な地区であるとして、1980年（昭和55）太子堂2、3丁目地区の住民に防災まちづくりを呼びかけてきたのが、住民参加による修復型防災街づくりの始まりとなりました。

それに先立ち、世田谷区は自治法の改正にともなって1975年（昭和50）に区長の選挙を行ない、革新系の大場啓二氏が新区長に当選しました。大場区長は、1979年（昭和54）に基本構想、基本計画を策定しましたが、そのなかで住民参加の街づくりを重点施策と位置づけ、北沢3、4丁目と太子堂2、3丁目を防災街づくりのモデル地区に指定しました。

さらに世田谷区は、住民参加の街づくりの仕組みを法的に担保するため、1982年（昭和57）に「世田谷区街づくり条例」を制定しました。ほぼ同じ時期に、神戸市も住民参加を謳った街づくり条例を制定したので、それ以後「東の世田谷、西の神戸」が住民参加の街づくり先進自治体と呼ばれてきました。

もっとも、住民参加の街づくりをスローガンに掲げても、具体的にどのようにすすめていくかは行政職員も住民も手探りのスタートとなりました。当初、太子堂地区では「おまかせ民主主義」「上意下達」に慣れ親しんできた一部の旧住民と、権利意識の強い新住民とでは、まちづくりへの対応に温度差があり、意見の対立も生じました。

いわゆる旧住民のなかには、「住民は街づくりの専門知識を持っていないから〝お上〟に任せるべきだ」と発言する人がいました。一方「タックスペイヤーとして要望する」と発言する主婦もいて、戦後の新しい女性の登場を再認識させられました。ただし、住民の発言を聞いていると、旧住民、新住民に関わらずかなり根深い行政不信があることもわかりました。

他方、行政職員の住民対応にも差がみられます。太子堂地区を担当する街づくり課長（組織変更で当初の都市計画課から街づくり推進課、現在は世田谷総合支所街づくり課）は、三十余年の間に14人も異動・交代をしています。前任者との引き継ぎが不十分なために、住民との意思疎通を欠いたり、他の部署との連絡不備などが原因となって今でも住民の行政不信を招いたりしています。

初代の大塚順彦課長（後に世田谷区の助役）は、住民の批判、要求に真摯に耳を傾け、時には住民の意見に反論して討議をする人でした。私が防災まちづくりはハードの対策だけでなく、コミュニティづくりを含めて総合的に検討すべきだと主張したのに対して、大塚課長は率直に受け入れ、ハードの街づくりを「漢字の〝街づくり〟」、ソフトのまちづくりを「かなの〝まちづくり〟」と使い分けることを提案したりする人でした。

太子堂地区を担当する一般の街づくり担当職員も、住民の厳しい行政批判に耐えながら個別の要望を聞き、チラシを全戸配布するため路地裏までくまなく歩いて住民以上にまちの事情に精通する人たちがいました。こうした行政職員がいたことが、行政と住民の間に少しずつ信頼と共感を醸成して、太子堂で行なわれたまちづくりの基礎を築くことができたと言えます。

また、首都圏総合計画研究所の井上赫郎主任研究員（現〝まちづくり〟研究所代表）が世田谷区の専門家として会議の司会進行を務めました。彼は激しい行政批判をソフトに受け止めながら、第三者の立場から住民側の批判意見を上手に整理、集約して討議を前向きに進めてくれました。そうした司会者の態度が、人間的な信頼感を築いて参加のまちづくりの討議を軌道に乗せる大きな役割を果たしました。

実は、私は行政批判の急先鋒の一人でしたが、行政側の忍耐強い対話と住民の意見を行政施策に生かそうと努力する姿勢に学び、協議会を設立してからは不十分ながら私なりに異なる意見も尊重し、合意形成に努力してきました。

しかし、行政職員のなかには相変わらず「上からの目線」で自分の意見、計画を押し付けようとする人、また住民に対する不信感から「民は之に由らしむ可し　之を知らしむ可からず」との態度をとる人がいます。あるいは〝前例と慣習〟のぬるま湯にどっぷり浸かって、困難な問題はすべて先送りする担当者もいるため、住民の行政不信は完全には拭えないのが実情です。

いずれにしても、太子堂地区三十余年の住民参加のまちづくりは、住民にとっても行政にとっても試行錯誤の連続でした。

2　民主主義の小さな実験室

太子堂地区の街づくりは、再開発とか土地区画整理といった事業手法ではなく、住民参加によ

“せせらぎ”のある烏山川緑道

る修復型の街づくりをすすめてきました。時間はかかりましたが、新しくできた小さな公園がまちの憩いの場となり、烏山川緑道の〃せせらぎ〃がまちに潤いを与え、季節を感じる道として地域の人たちに親しまれるなど目に見える成果を上げてきました。また、防災指標面でも不燃領域率の向上や狭隘道路の整備などの実績が評価されるようになりました。

それでも、行政側には太子堂方式のまちづくりは効率が悪い、完成時期の見通しが立たないなどの根強い批判があります。一方、協議会に参加しない住民からは「まちづくり協議会がいろいろな提案をするから、建物の高さや最低敷地面積の制限などの法的規制をかけられて私権が侵害されるので困る、協議会は行政の手先ではないか」と私たちの活動に反発する声も聞かれます。

太子堂地区にかぎらず、道づくり、家づくり、広場づくりなどハードの街づくりには行政と住民、あるいは住民同士の意見、利害の対立が避けられません。対立をどのように乗り越えるかが街づくりの大きな課題であり、民主主義のあり方が問われる問題となります。私が太子堂協議会のまちづくり活動を「民主主義の小さな実験室」と言ってきた理由もそのためです。

まちには、それぞれ独自の歴史的形成過程があり、住民の生活条件にも違いがあります。また、時代の変化や個別住民の生活環境の変化によって、価値観もまちづくりの評価も変わるし、ある時点で最適な政策や計画だと考えて実行しても、社会条件が変わると合理性を失ったり、時にはまちづくりの阻害要因になりかねない場合があります。だから私は、そのまちに住みつづけるかぎり〝まちづくりはエンドレスの活動〟でなければならないと言ってきました。

時代の変化に対応するまちづくりを進めていくには、新しい変化を見逃さない洞察力を持ち、時代を先取りした理念やビジョンを示して、それを現状に連動させた具体的な計画にまとめたうえ、理解と納得を前提にして地域住民を先導できるリーダーがいるのが理想かもしれません。

歴史小説家の童門冬二は、リーダーシップに求められる条件として、先見力、情報力、判断力、決断力、実行力、それに体力をあげていますが、普通の人間の能力には限界があります。まちには、さまざまな能力、特技を持った人が住んでいます。私は万能なリーダーを求めるより、地域の住民が英知を出し合い、〝三人寄れば文殊の知恵〟で時代の変化に対応したまちづくりを続けていくことを望んでいます。

大切なのは、住民の個別利害に根ざした多様な意見を対話の積み重ねによって全体の利益に整合する方針、計画を選択することです。そのためには、まず住民の真意を正確にくみ取りながら、問題点を整理し、討議を前に進めていくためのファシリテーター役が必要だと思います。

〝まちづくりはエンドレスの活動〟と言っても、私のような年寄りがいつまでも古い感覚でまちづくりのまとめ役をしているのは良くないと考えます。まちづくりは時間のかかる仕事です。時代の変化、環境の変化に対応した創造的なまちづくりを推進していくためには、できるだけ柔軟な発想が必要です。10年、20年先を見据えて検討し計画していくには、思考力の硬くなった高齢者から、想像力が豊かで行動力のある若い世代になるべく早く引き継ぐべきだと考えています。

2章◇まちは生きもの進化するもの

台風による洪水で鳥山川を流れてきた小屋

1 時代とともに移ろう太子堂

まちには、それぞれ歴史があり、多様な暮らしがあります。そのまちで生まれ育った人もいれば、新しく移り住んできた人たちもいます。まちを取り巻く環境は、時代とともに変化し、それにともなって人びとの暮らしも、まちの姿も変わっていきます。

鴨長明は『方丈記』に「たまきの都のうちに棟を並べ、甍を争へる高き賤しき人の住ひは、世々を経て尽きせぬものなれど、これをまことかと尋ぬれば、昔ありし家は稀なり。或は昨年焼けて、今年作れり。或は大家ほろびて小家となる。住む人もこれに同じ」と書いています。

また、吉田兼好も『徒然草』で「飛鳥川の淵瀬常ならぬ世にしあれば時移り事去り、楽しび、悲しび行きかひて、はなやかなりしあたりも人住まぬ野らとなり、変わらぬ住家は人あらたまりぬ」と記しています。800年前の平安時代、700年前の鎌倉時代も現在の平成時代のまちも移ろう姿は同じのようです。

太子堂地区は、江戸時代の大山道（矢倉沢往還、現国道246号線）沿いの村でした。江戸中期に小田原への往来が増えて、二子道と登戸道の分岐点に三軒の茶屋ができ、街道まちが形成されて現在の地名になりました。街道まちといっても1872年（明治5）の太子堂は、戸数57戸、人口275人の小さな村でした。

その太子堂村の近代化は、明治政府による〝富国強兵策〟によって始まったといえます。1889年(明治22)に世田谷村など8ケ村が合併して世田谷町字太子堂になりました。1897〜1900年(明治30〜33)にかけて近衛野砲連隊や陸軍第2衛戍病院など軍の施設が次々と太子堂に進出してきたため、村の姿は急速に変貌していきました。1920年(大正9)の国政調査によると、世帯数は407世帯、人口は1993人に増えましたが、このうち陸軍関係者が133人、6・7%も占めています。

1923年(大正12)の関東大震災で、太子堂には東京の下町や横浜の被災者が大量に移住してきました。畑のあぜ道がそのまま道路となり、小さな木造の家や長屋が次々と建て詰まるという現在の木造密集市街地の原型がこの時点で形成されたのです。この大正末期から昭和初期のまちの様子は、太子堂の貧乏長屋に住みついた作家林芙美子が小説『放浪記』のなかで描いています。

さらに1945年(昭和20)、米軍の空襲で過半数の家が焼失しましたが、復興の過程で土地の細

三軒茶屋交差点ある江戸時代の道標

分化がすすみ、住宅の密集化がさらに促進されました。同年8月の終戦によって、焼け残った兵舎は戦災者住宅、海外からの引揚者住宅、あるいは昭和女子大学の校舎に転用されました。また、高度経済成長期には木造住宅に代わってマンションが増えるなど、太子堂の風景も住民層も大幅に変わり現在に引き継がれています。

一口に太子堂の住民といっても、まちは多様な住民で成り立っています。かつての農家の人たちは地主として、また関東大震災で移り住み商店街を築いた店主たちも、それぞれ世代交代をしてきました。高度経済成長期に移り住んできた若くて市民意識の高い人たちもいます。

戦前生まれの私は、どうしても昭和20年を基準にまちの変化を考えてしまいます。すでに戦後生まれが人口の約８割以上を占め、平成生まれの人も2割を超えました。

昭和40年代に〝明治は遠くなりにけり〟というフレーズが流行りましたが、中村草田男が「降る雪や　明治は遠くなりにけり」の句を詠んだのは、１９３１年（昭和６）とまだ明治末年から21年しか経っていない時です。戦後70年になろうとしているのに、私がいつまでも戦後を基準にまちの変化を論じるのは、いささか忸怩《じくじ》たるものがあります。

しかし、戦後の復興期、高度経済成長期、そして１９９０年代以降の〝失われた20年〟と呼ばれる経済停滞期を通して、私は太子堂のまちが少しずつ変化してきた姿を見てきました。とはいえ正直なところ、勤め人だったころの私は、自宅から駅までの道以外に関心を持ちませんでした。

太子堂のまちづくりに参加して、初めて時代とともにまちが変化していくこと、とくに家並みだけでなく、人々の暮らし方や心の変化にも気づかされ、改めてまちは生きものだと実感させられました。

まちづくりに関わるには、まちの歴史を知り、まちの姿と人びとの暮らしの変化を五感で感じるようにならないと、多様な価値観をもっている人たちと共感できる対話ができないことも学びました。どんな合理的な街づくり計画も、理屈だけで住民の理解と合意を得ることは困難です。

2　まちの姿は〝動的平衡〟

「秋深し（き）隣は何をする人ぞ」という松尾芭蕉の有名な句があります。私は隣のご家族とは顔を合わせたときに頭を下げる程度の挨拶ですませ、ご主人がどんな仕事をしている人なのか、子どもがどこの学校へ行っているかなど知らないまま暮らしてきました。

ところが、まちづくりに関わってからは、私が付き合ってきた人たちとはまったく異質な多くの住民と顔を合わせることになりました。まちには何事にも善意に解釈する人もいれば、クレームばかり付けるモンスター的な人もいます。こうした人たちと付き合い、理解していくには、その人たちの暮らしぶりから人生観まで知らないと、本音の話し合いをすることができません。

まちづくりを通して、多様な住民との付き合いが深まると、まちを表面的に見ていてはまちの真実の姿は見えないことに気がつきました。街並みを形成する住宅は、たんなるカプセルやシェルターではありません。その住宅で暮らす人たちは、周囲の環境とのつながりのなかで、絆、育み、温もり、安らぎ、優しさ、などの言葉で表現される生命を紡ぎながら、時間とともに暮らしを変容させているのです。

また、そこで暮らす人たちは一人の人生だけで終わるのではなく、多くの生命が継承されていく姿も見てきました。生命のつながりを考えると、まちは暮らしの有機体であり子どもや孫の代まで考えた長期的、総合的な視点が必要であると思うようになりました。

人は一人では生きられない動物です。「都市とは何か」にはむずかしい定義があるようですが、私は当初〝まちは人の暮らしの集合体〟と単純に考えて太子堂のあるべき姿を模索してきました。たまたま青山学院大学の福岡伸一教授が「生命の本質は〝動的平衡〟です」と書いているのを読んで、まちづくりも生き物にたとえて動態的に考えるべきではないかと気づきました。

人間の身体は60兆個の細胞で形成されていて、1日に3千億～4千億個の細胞が死滅、再生を繰り返しているそうです。

福岡教授は「生物は、体を構成するたんぱく質などの分子の破壊と生成を絶えず行なっています。これによって体の分子すべてが入れ替わってしまうのに必要な時間は意外と短く、人間の場合は半年から1年です。つまり1年後の自分は、分子レベルでは〝まったく別の人間〟といえます。このような〝動的平衡〟こそが〝生きている〟ということになります」と定義しています。

さらに福岡教授は、別の論稿で「集合体としての形はそのままに、構成物は常に流動し全体のバランスを保つこの状態を〝動的平衡〟という。存続のために絶え間なく壊しては作り変えることの戦略は、最初から全体を頑丈に作るよりはるかに有効だ」と述べています。

これを読んで、私はダーウィンの「生き残るのはもっとも強い種ではない。もっとも賢い種でもない。環境にもっとも敏感に反応する種である」との言葉を思い出しました。私は社会環境の変化に適応していかなければ、かつて若い家族のあこがれたニュータウンが老人のまちになり、孤独死が社会問題となったように、太子堂も同じ轍を踏むことになりかねないと考えました。まちづくりを〝動的平衡〟になぞらえて考えると、今後のまちづくり活動に多くの示唆を与えてくれるように思います。

3 定向進化するまちの姿

いうまでもなく、まちの姿や人びとの暮らしは政治、経済、社会的構造の変化に強く影響されます。

経済白書が「もはや戦後ではない」と書いたのは１９５６年（昭和31）のことです。その後、池田内閣が１９６０年（昭和35）に国民所得倍増計画を打ち出して驚異的な経済成長を遂げ、１９６８年（昭和43）の日本の国民総所得（ＧＮＰ）は世界第2位に達しました。

高度経済成長を背景に、１９５８年（昭和33）東京タワー完成、１９６４年（昭和39）東海道新幹線開業、１９６７年（昭和42）首都高速道路都心環状線完成、１９６８年（昭和43）には東名高速道路および日本最初の超高層の霞が関ビル（高さ１４７ｍ）が開業するなど、都市の近代化が急速に進められていきました。

その結果、私たちの暮らしは物質的に非常に豊かになりましたが、その反面、大量生産、大量輸送、大量消費、大量廃棄社会の現出にともなう歪みが社会問題となりました。水俣病、四日市ぜんそく、神通川のイタイイタイ病などの産業公害や自動車の排気ガス・騒音公害、交通事故死、ごみ処理問題などの都市公害に対して、環境を守る市民運動が燎原の火のごとく全国に広がりました。

太子堂では、１９６４年（昭和39）の東京オリンピック開催を機に、まちの様相が一変しました。駒沢公園をオリンピックの第2競技場とするため、国道２４６号線（通称玉川通り）を走っていた路面電車（たま電）を廃止して40ｍ道路に拡幅、地下に東急電鉄の新玉川線（現田園都市線）と高架の首都高速道路3号線を建設しました。

1955年ころの三軒茶屋交差点（世田谷郷土資料館提供）

1985年ころの三軒茶屋交差点

三軒茶屋マンション事件の現場

首都高3号線は、1971年（昭和46）に東名高速道路と繋がってから交通量が急増し、わが家の2階の窓から見える自動車の行き交う首都高の風景には、まるで未来都市を見る思いがしたものです。ところが、同年初夏には光化学スモッグが発生して、太子堂中学の運動場にいた生徒が多数倒れる事件が発生しました。

一方、新玉川線の開通は大幅に遅れて1977年（昭和52）になりましたが、最寄り駅の三軒茶屋から渋谷まで5分、都心の銀座、霞が関へも20分程度で行けるようになりました。この交通の利便性に目をつけた不動産業者や住宅業者が、開通前の昭和40年代から地上げを始めて地価の高騰をもたらしました。

これらの業者は、土地の高度利用を図るマンション建設を始めたため、太子堂でもいわゆる日照権紛争事件が多発しました。また、ワンルームマンションも増えて、若者の騒音やゴミ出しルールの問題などで近隣住民との軋轢が生じました。

私がまちづくりに関心を持ったのも、自宅近くのマンション紛争事件に関わったことがきっかけでした。このマンション事件は、国道２４６号線沿い20m幅の路線商業地区に計画された15階建てマンション建設に対するものでした。もし完成していれば、当時世田谷区内でもっとも高い建物になったはずです。詳細は省きますが、五十嵐敬喜弁護士（現在・法政大学名誉教授）に依頼して裁判で争い、15階を10階に引き下げる判決を引き出し、さらに一部7階に計画変更させて和解しました。

昭和40年代といえば、太子堂に限らず全国的にマンション紛争事件が多発した時期です。太子堂の事例が商業地区で日照権を認めさせた事件としてマスメディアが報じますと、地元はもとより遠く名古屋、大阪の住民からも相談を受けるようになりました。しかし、個々の紛争事件の相談を受けていると正直に言ってくたびれます。それにマンション計画をモグラたたきしていても都市の環境問題は解決しません。

そこで、五十嵐弁護士らが組織した建築公害対策市民連合を通して、東京都議会に日影規制条例制定を直接請求する署名活動を行ないました。残念ながら直接請求は都議会で否決されましたが、東京をはじめ日照権を求める全国的な住民運動の高まりが、１９７７年（昭和52）に日影規制基準を決めた建築基準法の改正をもたらしたと考えています。

その後、政府の経済政策は米国型の新自由主義経済、市場原理主義的政策を強め、都市政策の面でも次々と規制緩和を実施するようになりました。容積率の緩和や総合設計制度などが超高層

駅前再開発で建てられた27階建ての
キャロットタワー

建築を可能にし、世田谷区内でも三軒茶屋駅前再開発による高さ124mのキャロットタワーをはじめ、高層ビルが林立するようになりました。

超高層ビルは、建築技術の進歩を示したものに違いありませんが、私は再開発などによって高層ビルが乱立するのは、都市の「定向進化」ではないかと考えています。

生物学でいう「定向進化」とは、マンモスの牙のように最初は木の枝を折ったり根を掘ったり、あるいは仲間と争ったりするのに役立っていますが、やがて生活に関係なく一方向に成長していく現象をいうのだそうです。

近所に住む麻布大学の板垣博教授（故人）が、インドネシアのスラウエシ島にイノシシの仲間のパピルサという動物がいることを教えてくれました。絶滅亜種に指定されているそうですが、パピルサの雄の上顎の犬歯は、角のように飛び出して後方に曲がり、自らの額を貫くほど成長するそうです。板垣教授は、バランスを欠いた一部分の進化は、生存に不利に働いて絶滅の原因になると言っていました。

進化はかならずしも善とばかりは言えません。まちを生きものとして考えるなら、現在の都市の定向進化は〝バベルの塔〟の二の舞になりかねないと思います。超高層ビルに限らず、人びとの定向進化による欲望の肥大化も自然を破壊し、心の荒廃をもたらしているのではないでしょうか。

4　まちのホリスティック・ケア

最近の医者は、「パソコンの画面を見て人の顔を見ない」とか「治療することを手当というが、最近の医者はデータを見るだけで患者の身体に手を当てようとしない」などの批判があります。そうした批判を受けて、医療業界ではホリスティック・ヘルスという考え方が提起されていると聞きました。身体を部分の集合体ではなく、身体の組織はすべて互いに関連していると考えて、健康を精神的、心理的面からもとらえようというもので、漢方医学の〝心身一如〟の考えと同じ発想のようです。

ようするに、症状だけケアするのではなく、本来生体に備わっている自然治癒力（免疫力、抵抗力）を高めて回復する営みを増幅させ、健康につながる生態環境をつくりだすことだと言います。

戦後建てられた古い木造の賃貸アパート

看護師、臨床心理士や理学療法士のあいだでは、患者のケアにあたって自己治癒力を引き出すために時間をかけた心理的なケアをおこない、これを〝時間くすり〟〝心のくすり〟と呼んでいるとの話を聞いたこともあります。

まちづくりに長く関わっていると、まちは個々の暮らしのたんなる集合体ではなく、相互に影響する有機体としてみるべきだと実感するようになりました。都市整備のようなまちづくりでも、ホリスティック・ケアのような包括的な対策が必要ではないかと考えています。

たとえば、太子堂のように防災まちづくりをテーマにしていると木造の建物をコンクリートで不燃化するのは望ましいのですが、木造賃貸アパートがマンションに建て替えられることによって、そこに住んでいる一人暮らしの老人が行き場を失う事例を数多く見てきました。福祉政策の面からも防災まちづくり計画を検討しないと〝まちづくり難民〟を生みだすことになります。

また、バブル経済期に土地価格が高騰したため地代、家賃が値上がりしてファミリー世帯が流失し、子どもが少なくなりました。一方、経済効率の良いワンルームマンションが増えて単身者の若者が多数移入してきたことで、太子堂の高齢化率は17％台と下がりましたが、1300人以上いた地元の三宿小学校は児童数が200人の小規模校になってしまいました。また学区域にある新星中学は池尻中学と統合して三宿中学になるなど、学校統廃合が進められて教育環境も大きく変化しました。

太子堂では、防災対策を優先課題としてまちづくりを進めてきましたが、その施策、計画立案に当たっては福祉、医療、教育、交通安全、防犯など暮らし全般に目配りをして検討していく必要があることを学びました。あわせて、経済効率を優先した評価軸だけで参加のまちづくりを見るのではなく、時間をかけて住民のまちづくり意識や住民と行政との信頼を熟成させる配慮もほしいと願っています。

けれども、総合的なまちづくり計画を検討していくと縦割り行政の弊害にぶつかります。街づくり課の担当者のなかには、自分の所管の範囲でしか発想しない人、法律の運用も狭い解釈で無難に対処しようとする人たちがいます。関連する他の部署の計画に批判があっても口出しをしない傾向もみられます。

私たち住民は、暮らしの立場から縦割りの弊害を除去しながらまちの改善をしていく必要があります。しかし、行政を批判するだけでなく、住民自身も目先の利害だけで判断、発想する考えを克服して、住民同士の意見、利害の対立を自ら調整していく努力も同時に必要だと思います。

もちろん、住民の力だけで太子堂のまちづくりをすすめるには限界があります。政治や経済動向、あるいは核家族化、少子高齢化、人口減少など社会構造の変化も〝まちづくり〟のあり方を左右します。私たちは行政と一緒になって、対象療法的なまちづくりにとどめず、できるだけ総合的、広域的、長期的視野から地元のまちづくりを考えていく必要があります。その積み重ねがまちの自己治癒力を高め、〝住民自治〟の確立につながる道ではないでしょうか。

3章◇参加のまちづくりの試行錯誤

鳥山川緑道の清掃をする小学生たち

1 まちづくりに唯一解はない

世田谷区が、太子堂の住民に防災街づくりを呼びかけてきたのは1980年（昭和55）のことです。まず区は、「太子堂地区まちづくり通信」を全戸配布し、東京都が行なった「6項目評価による町丁目別危険度」調査に基づいて、大地震があると世田谷区内で太子堂2、3丁目地区がもっとも危険な地区であることを知らせました。

それによると、太子堂2、3丁目地区は、面積が35・6ha、人口は1975年（昭和50）の国勢調査によると9509人、3968世帯となっており、人口密度はヘクタール当たり267・1人と高密度の地区となっています。その後、人口は減少しましたが、それでも防災まちづくりを始めた1980年（昭和55）の人口は8164人、人口密度は世田谷区平均のヘクタール当たり135人に対して229・3人と1・7倍になっていました。

しかも地区内の道路は、畑の畦道がそのまま道路になったため、4m以下の狭隘道路が78・8%を占め、しかも狭くて曲がりくねり、行き止まりの道が多いまちとなっています。建物も木造の戸建て住宅が建て詰まっているだけでなく、全体の建物1803棟のなかで木造の古いアパートが268棟と14・9%を占める都内でも代表的な木造賃貸アパートベルト地帯の一角をなして

行き止まりの路地

太子堂に多い狭い道

いました。
私は1945年（昭和20）から太子堂に住んでいますから、世田谷区から説明されるまでもなく、大地震があれば危険なまちであると認識していました。とくに私の両親は関東大震災を経験しており、私も横浜と川崎で空襲を経験していますから、火災が同時多発した時の怖さを十分経験していましたので、1970年代に〝東海地震〟が想定されてからは、家族の間で避難場所の確認や連絡方法などをたびたび話し合ってきました。
しかし、あくまでも家族単位の防災対策にとどまっていました。個人の防災対策には限界がありますが、世田谷区から防災まちづくりの呼びかけがあるまで、まち全体の防災性能を高める対策などという問題意識は持っていませんでした。

世田谷区は、１９８０年（昭和55）10月にまちづくり懇談会を開催してまちの現状と防災の課題を説明しました。太子堂中学の会場には30人の住民が参加しましたが、多くの住民から行政に対する批判が噴出しました。私自身も防災対策の必要性を感じながらも、世田谷区は防災に名を借りて区画整理をやるのではないかとの疑念を持ち、マンション事件をめぐる経験から行政不信を強めていたので、批判の急先鋒の一人となりました。

区主催のまちづくり懇談会は、1年半かけて7回開催されましたが、住民から出された意見、要求、批判は決して一様ではありませんでした。住民の暮らしも価値観も一様ではないので、多様な意見が出るのは当然のことです。抽象的に「住みやすい安全なまちにしよう」という点では一致しても、問題点を具体的に検討する段になると意見、利害の対立が生じます。

また、時代の変化が激しく、競争と効率を優先する社会では、ささやかな暮らしも常に脅かされるので、人は誰でも先行きに不安を感じています。それだけに多くの住民は自己防衛の心理が働き、変化に抵抗するようになりますから、すべての住民が納得するまちづくりの解を見出すのは非常に困難です。

住民参加のまちづくりは、住民の意見を行政施策に反映させることが基本ですが、個別の意見や要求をばらばらに主張していても問題は解決しません。どうしたら住民の錯綜する利害を住民自身が調整して合意が形成できるかを模索してきましたが、いまだに正解が得られないのが実情です。まちづくりの解は一つではないし、時代も人も変化していくので万古不易の唯一解はないのかもしれません。

2 時間と忍耐はまちづくりの必要コスト

学者、専門家の論文や各地のまちづくり調査報告書を読むと、よく行政主導型とか住民主導型とか、あるいはテーマ型、地域型などと類型化する人たちがいます。そうした分類からすれば、太子堂のまちづくりは行政主導型と言えますが、こうした類型化がまちづくりの実践活動に役立つとは、私には思えません。

世田谷区が「基本計画」に基づいて、北沢3、4丁目地区と太子堂2、3丁目地区を「災害に強いまちづくり」の重点地区に指定しましたが、北沢地区のほうが太子堂より1年早く、1979年（昭和54）10月に区主催のまちづくり懇談会を開催して防災まちづくりをスタートさせました。

北沢地区の住民は、これに応えて町会を中心に1980年（昭和55）にまちづくり協議会を発足させ、翌1981年には「北沢地区まちづくりについての提言」をまとめて区長に提出したあ

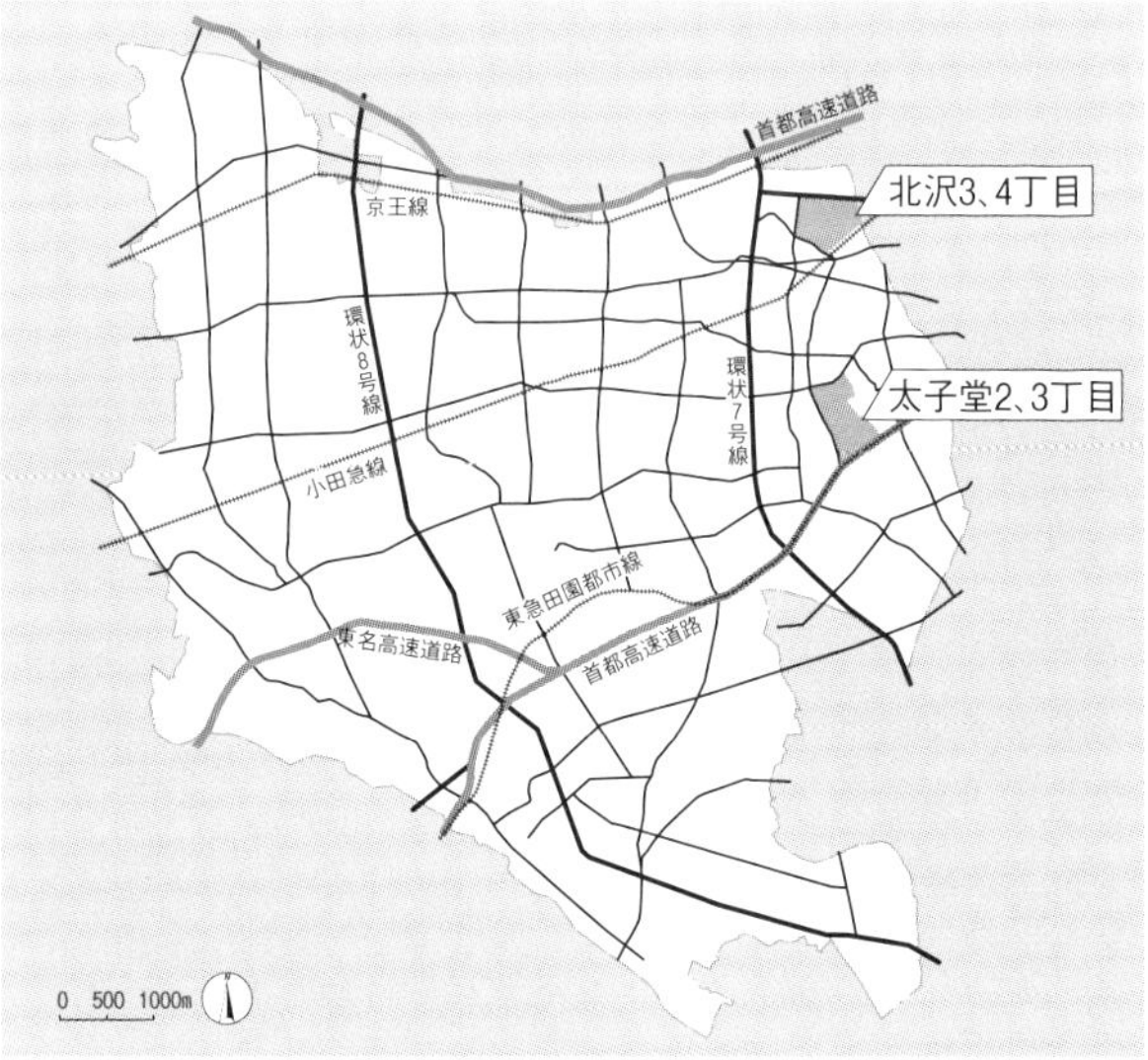

住民参加による防災街づくりの重点地区

と一旦解散しました。

太子堂の場合は、まちづくり懇談会から協議会設立まで2年、さらに「まちづくり中間提案」を提出するまで2年3カ月、計4年以上もかかっています。これに比べて北沢地区が2年で提案をまとめられたのは、当時の協議会の高橋義秀会長の優れたリーダーシップのほか、地域性や協議会に参加した住民意識の違いによるものと思います。また、太子堂では、私のように2章－3で既述したマンション紛争事件を通して行政不信を抱いた住民が多数参加したことも時間がかかった原因だと思います。

とくに私は、1930年（昭和5）生まれで、翌年の満州事変から1937年（昭和12）の盧溝橋事件へと日中戦争が拡大、1941年（昭和16）には太平洋戦争へ突入した、いわゆる15年戦争の時代に育ちました。

その間、「五尺の命ひっさげて国の大事に殉ずるは我等学徒の面目ぞ」など当時流行した歌の一節にもあるように、国のため天皇のために命を捧げることが男子の誉れであり、男の美学とする軍国主義教育を受けてきました。

それが1945年（昭和20）の敗戦によって、これまで「鬼畜米英」「撃ちてし止まん」と教えてきた学校の先生が、手のひらを返すように敵国だったアメリカの自由主義、民主主義を賛美するようになり、教科書に書かれている軍国調の表現や皇国史観の記述はすべて墨で塗り潰すように命じました。当時15歳の多感な私にとって、価値観の180度の転換は、戸惑いと同時に政治家、専門家、教育者と言われる人たちに対する拭いがたい不信感を生み、意識の根底に反骨精神が根づきました。

世田谷区の職員たちは、私のような住民の行政批判に戸惑い、苛立ったことと思います。区の街づくり推進課が1985年（昭和60）にまとめた『修復型まちづくりの実践―太子堂地区まちづくりパートⅡ』によると、協議会の役割として、①まちづくりの推進母体、②区と住民のパイプ役、③住民意見の集約の場、の3点をあげていますが、太子堂の場合は抵抗勢力の出現によって、協議会が区と住民のパイプ役など務まるはずもなく、明らかに行政側の期待を裏切るものだったと思います。

ところが、太子堂のまちづくりを担当した職員たちが1991年（平成3）に自費出版した『自

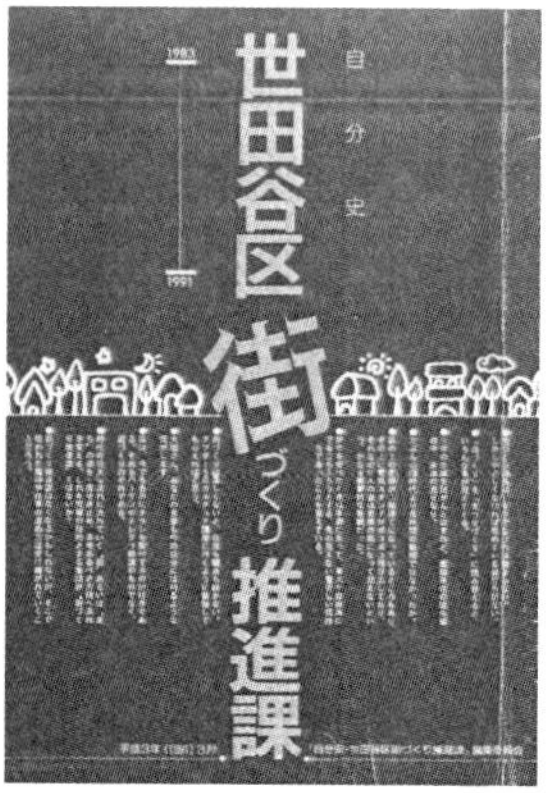

『自分史・世田谷区街づくり推進課』

分史・世田谷区街づくり推進課』のなかで、北沢に比べて太子堂ではなかなか協議会が結成されなかったことについて「〃住民主体で計画づくりを進めていくには、まだまだ住民の関心が高まっていない。時期尚早ではないか〃など、住民にとってはしごく当然の躊躇があり、懇談会形式のままで、約2年余りが経過してしまった」と述べています。

さらに「ただ、協議会結成へ向けての住民間の議論は、まちづくり組織のあり方の根本にかかわる議論でもあった。協議会で何かを決定するためには、なるべく多くの住民との案のキャッチボールをしたうえで、多数決ではなくて、あくまで同意を追求すべきこと。また、多くの住民の参加と関心を高めるためには、協議会独自の広報紙の発行やイベントが必要なこと……等々、これらの考え方は、現在も、後に続く住民組織の貴重な道しるべとなっている」と書いてあるのを読んで、協議会のあり方を模索する住民の議論にたいへん理解のある行政担当者がいたことを後で知りました。

残念ながら、すべての協議会会員がこうした理解のもとに議論しているわけではなく、いまでも相変わらず自己主張に固執して異なる意見を頭から否定する人がいます。私たちは、住民の批判的な意見に忍耐強く耳を傾け、施策を検証する自省的な街づくり課職員たちの態度を見習うようにしたいと思います。もっとも行政職員のなかにも、時間のかかる熟議のやり方には批判的な人もいて、行政プロ意識が強い人ほど住民の意見は聞くが、後は行政に任せるべきだと考える人が多いようです。

まちづくり中間提案を大場区長に提出

現に、太子堂の協議会が後述の「太子堂まちづくり中間提案」を提出すると、区の担当者から解散を示唆されたことが少なくなったことがあります。たぶん、行政の立場から言えば北沢地区の協議会のようにまちづくり提案を出して解散し、後は行政の独自判断で街づくり事業計画を進めるのが望ましいと考えたのでしょう。たしかに街づくり事業としては、そのほうが効率的であることは理解できます。

しかし、北沢地区の協議会はまちづくり提案を出してすぐに解散したにもかかわらず、1984年（昭和59）にまた協議会を再発足させ、2年かけて1986年（昭和61）にまちづくり提案を改めて提出しています。さらに、協議会の提案を基に法定地区計画[用語]を施行したのは、太子堂地区が1990年（平成2）なのに対して、北沢地区では1992年（平成4）と太子堂より1年以上も遅れました。こうした経緯を見ますと、地域性にもよりますが時間を掛けて地域住民の意見を汲み上げたほうが、〝急がば回れ〟の諺のように効率的な場合もあり、行政不信を軽減する効果もあるように思います。

ただし、その後世田谷区内の他の地区で発足したまちづくり協議会の多くは、まちづくり提案を出すとすぐに解散するか、名前だけ存続して行政任せにしてしまうところが多いようです。

最近、政府や地方自治体が民意を反映させるためPI（パブリック・インブルムメント）方式とかPC（パブリック・コメント）方式とかを採用して住民意見を反映させようとしていますが、住民の意見がどのように施策や計画に反映されたのかが見えないため、積極的に参加した住民ほど不満を募らせているようです。その後、討論型世論調査（デリバレイティブ・ポーリング：DP）方式が採用されたように改善されてきていますが、それでも民意が十分反映されていないと批判する人たちがいます。

もっとも、民意とか世論については別項で検討したいと思いますが、まちづくりには住民の意見を熟成させるのに時間がかかります。時間と忍耐は〝時間くすり〟〝心のくすり〟として、民主的な住民参加のまちづくりには欠かせない必要コストであることを行政も住民も認識する必要がありそうです。

3 ハードとソフトの防災まちづくり

まちづくり懇談会で、住民が行政批判を繰り返すだけでは不毛の会議になります。そこで「自分たちのまちのことは自分たちで考え、行動しよう」と提案したところ、同じように考えていた多くの参加者の賛同を得ましたので、1982年（昭和57）1月に太子堂地区まちづくり協議会（後に太子堂4丁目地区にも協議会が発足しましたので、太子堂2、3丁目地区まちづくり協議会と名称を変更）設立準備会を発足させました。

設立準備会で会則を決めるまでに約5カ月かかりました。詳細は省きますが、会則の討議にあたって私は次のような協議会運営4原則を提案しました。

①住民主体のまちづくりを目指す。

太子堂まちづくり協議会の定例会

②地域の住民は誰でも何時でも参加できる開かれた組織にする。
③合意形成に努める。
④ハードだけでなくソフトを含めた総合的なまちづくりを目指す。

この提案に対して、さまざまな異論がでました。

住民主体の提案には「住民は専門知識をもっていないのだから、まちづくりは〝お上〟にまかせるべきだ」との発言がありました。〝お上〟などという言葉は、時代劇でしか使われない死語だと思っていたのでいささか驚きました。討議の結果、行政と対等に議論ができるように住民も学習努力をすることで了承されました。

会員の定数は、地域住民が何時でも誰でも参加できる開かれた組織とするため、20名以上と下限だけを決めて上限を決めなかったところ、行政の担当者から百名も二百名も参加する人が出ると連絡や会場の確保に困るので、上限を40名にしたいと反対されました。これに対して、行政に負担をかけないように電話連絡網を作って協議会員が自主的に連絡し、会場がなければ学校の校庭で集会を開くなど、運営方法の工夫で解決することにして承認されました。

合意形成に努める規定は、防災街づくり計画には道路の拡幅や建物の不燃化など権利の制限をともなうルールを決める必要があるため、少数者の意見も尊重して単純に多数決で決めないことを確認したのです。ただし、どうしても全員の賛成が得られない場合は、少なくとも3分の2以上の賛成を必要とすることにしました。

世田谷区は、防災街づくりとして、①建物の不燃化、②狭隘道路の拡幅整備、③防災拠点としての広場・公園づくり、を課題に上げました。これに対して、私がソフトを含めたまちづくり、いわゆるコミュニティづくりを含めて防災性能を高めることを主張したのは、たまたま吉村昭のドキュメンタリー作品『関東大震災』に書かれていた神田泉町、佐久間町の住民が、協力して延焼を防ぎ千六百余戸の家が焼け残った話を読んでいたからです。

私は戦時中、横浜市と川崎市で米軍機の空襲による火災の中を逃げ回った経験があるので、これを読んだ時の感動が忘れられなかったのです。少し長くなりますが、引用しておきましょう。


「やがて、火炎がすさまじい勢いでのしかかってきた。住民たちは、ポンプ注水すると同時に家屋を破壊し、また数百名の住民は二列縦隊をつくって七個の井戸から汲み上げた水をバケツで手送りし、全力をあげて消火につとめた。火との戦いは八時間にも及び、その夜の午後十一時頃火勢を完全に食いとめることに成功した」。

吉村昭『関東大震災』
（文春文庫）

「大焦土と化した東京市の中で、その地域に家並みが残されている光景に、人々は驚きの眼をみはった。それは、広大な砂漠の中に出現したオアシスのようだと表現する者さえあった」。

防災街づくりは、資金対効果の面からもハードの対策だけでは不十分です。２０１１年の東日本大震災で、東北の人たちの助け合いが世界的な賞賛を受けました。私は、都市生活で薄れてきたコミュニティを復活させることも、防災街づくりの課題だと考えたのです。もちろん、太子堂において人と人のつながりが今後の大地震でどれだけ力を発揮するかは未知数です。

しかし、住民参加のまちづくりの先輩で個人的にも交流してきた神戸市長田区真野地区の住民たちが、１９９５年（平成７）の阪神・淡路大震災では力を合わせて延焼を食い止めています。震災の半年後、私は現地を「まちづくり推進会」の山花雅一事務局長（故人）に案内してもらい、尻池町の焼け跡に立って延焼を食い止めた消火活動の話を聞いたときには感動のあまり涙しました。私は、ここでコミュニティ確立の大切さを改めて確信したのです。

4　参加のまちづくりの潮流

「参加のまちづくりはどうあるべきか」は、協議会設立を提案した責任がありますから自問自答を繰り返してきたテーマですが、三十余年経っても明確な説明ができないでいます。「まちづくり」という言葉の意味が時代とともに幅が広がり、私自身の活動経験からもその理解をしだいに深めてきているからです。

当初、私は「まちづくり」という言葉は、単純に「都市計画」「都市整備」という硬く重い役所用語を、響きのよい軽快な表現に置き換えただけだと思っていました。ところが、いろいろ調べてみると戦後、都市計画以外の福祉や新生活運動の領域でも使われていたことを知りました。

また、都市計画の領域で最初に「まちづくり」の言葉を使ったのは、1950年代末から始まった名古屋市東栄町の商業地区再開発の時からだと思っていました。最近になって、国立市の上原君子・元市長の景観訴訟の報告を聞いていたら、1952年（昭和27）から始めた国立市の文教地区指定の住民運動のなかで、一橋大学の増田四郎教授が日本で最初に「まちづくり」という言葉を作ったと話されていました。いずれにしても「まちづくり」は、戦後生まれの言葉であり、1950年代から広く使われてきたようです。

「参加のまちづくり」についても、世田谷区主催のまちづくり懇談会に参加したときには、単純に主権者である住民の意見を都市整備計画に反映させることは当然であると考えていました。たまたま神田の古本屋で見つけた岩波書店の『岩波講座　現代都市政策Ⅱ　市民参加』（1972）を読んで、参加民主主義は中央集権体制のもとに推し進められてきた高度経済成長政策に対する市民運動への政治的提起であることを知りました。

日本の経済成長政策は、１９６０年（昭和35）の池田勇人内閣による国民所得倍増計画によって明確に打ち出され、１９６２年（昭和37）に全国総合開発計画が閣議決定されました。さらに１９６４年（昭和39）にはＩＭＦ８条国移行、ＯＥＣＤ加盟など経済の国際化政策の推進などにより、年率10％前後の驚異的な経済成長を遂げて１９６６年（昭和41）には〝いざなぎ景気〟を謳歌するほどになりました。

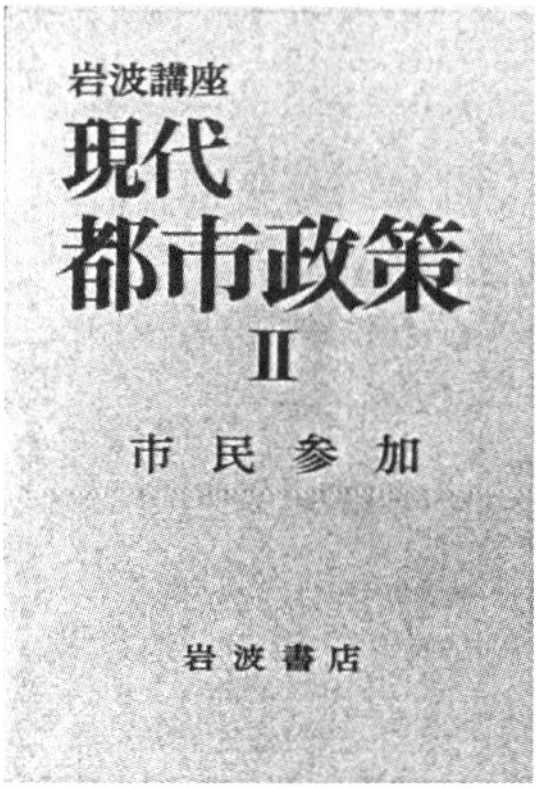

『岩波講座　現代都市政策』
（岩波書店）

一方、高度経済成長は都市に内在する矛盾を先鋭化させ、水俣病などの公害・環境問題や交通事故と言った都市問題を表面化させ、これに反対する幅広い住民運動が展開されていきました。さらにベトナム反戦運動なども加わって、都市型市民意識の高まりを背景に蜷川・京都府知事、飛鳥田・横浜市長、後藤・武蔵野市長など革新系の地方自治体首長が次々と登場してきました。東京都知事に美濃部亮吉氏が当選したのは１９６６年（昭和41）のことです。

こうした市民運動の高まりに対して、法政大学の松下圭一教授は『現代都市政策Ⅰ　都市政策の基礎』のなかで「この市民運動は国民生活ないし都市における市民自治への展望をきりひらいていく。市民運動は、従来の住民運動をこえた市民自治の追求でもある」と指摘しています。

また、1975年（昭和50）に神奈川県知事に当選した長洲一二氏は〝地方の時代〟を提唱し「地方の時代とは、政治や行財政システムを委任型集権制から参加型分権制に切り替えるだけでなく、生活様式や価値観の変革をも含む新しい社会システムの探求である」と定義づけをしています。

とくに1972年（昭和47）に田中角栄内閣が成立、〝日本列島改造論〟にもとづく「新全国総合開発計画」が決定されてからは、〝土建国家〟と揶揄される中央集権的な開発が展開されていきました。これに対して、〝三割自治〟と言われていた地方自治体の首長たちから地方公共団体の自治権拡充を求める声があがり、また中央集権的開発計画に抵抗する市民たちからは、議会制民主主義に限界を感じて都市政策に民意を反映させるために直接民主主義を探求する動きが出てきました。

世田谷区では、1975年（昭和50）に革新系の大場啓二区長が初当選したのも、こうした社会的な潮流のなかで実現したわけです。大場区長は、1979年（昭和54）に策定した「基本構想」で住民参加のまちづくりを打ち出し、「基本計画」の重点施策として太子堂2、3丁目地区を参加のまちづくりのモデル地区に指定しました。

私自身は既述したように、マンション紛争事件に関わって都市整備計画に住民意見を反映させるべきだと感じてはいましたが、参加民主主義の意義を十分理解しないまま単純な考えで区主催のまちづくり懇談会に参加していたわけです。

5 新住民と旧住民との〝和諧〟まちづくり

太子堂2、3丁目地区まちづくり協議会は、1982年（昭和57）11月正式に発足しました。個人参加を条件に「まちづくり通信」を全戸配布して公募したところ50名の参加がありました。もっとも、個人参加を条件にしたものの行政得意の根回しで町会、商店会の役員が多数参加し、区主催のまちづくり懇談会当初の顔ぶれと代わり映えしないメンバーでのスタートとなりました。

第1回の協議会で、当然のことですが設立準備会でまとめた会則案の検討から始めました。私は、住民参加のまちづくりはフラットな組織であるべきだし、行政とも対等な立場で討議すべきだと考えていました。しかし、会則をめぐる議論を聞いていて、いきなり縦型社会の常識を否定するのは無理だと判断し、とりあえず区が提示した会則案の会長1名、副会長3名、運営委員若干名、会計1名の役員構成に賛成しました。

役員の選出には時間をかけました。まず自薦、他薦で運営委員を参加者から選出、会長、副会長は運営委員の互選で決めることにしてもらいました。会長選出に慎重を期したのは旧住民の太子堂連合町会長にお願いする必要を感じていたこと、もう一つは区議会議員の役員入りをご遠慮いただきたかったのが理由です。

太子堂３丁目の円泉寺通り（左側が円泉寺）

多くの地方自治体に見られるように、世田谷区も町会・自治会にかなり依存した行政施策を行なっています。２０１２年（平成24）５月現在で、区内には町会・自治会１９６団体の組織があります。太子堂では、１丁目から５丁目の町会７団体が連合組織を作っていますが、そのうち防災まちづくりの対象となっている２丁目、３丁目の地区内には４町会があります。

一概に町会、自治会と言っても設立時期や地域などによって体質に違いがあるようです。以前、太子堂のまちづくりを担当した区職員と飲んだ時に聞いた話ですが、彼が太子堂３丁目にある円泉寺の檀家の地主さんたちが、毎月円泉寺に寄り合って情報交換をしていると聞いたので、寺を訪ねて同席していた地主さんたちに次々と挨拶をしたところ、後で地主さんの一人から挨拶の仕方が悪いと注意されたそうです。

私も地主さんたちと話をしていて、すでに都市で失われていると思っていた慣習や家格を引き継ぐ村落共同体的なコミュニティが、太子堂ではまだ息づいていることにしばしば気づかされました。

こうした地主さんたちは、町会の役員として協議会に出席していたのですが、積極的に発言する人はあまりいませんでした。私自身は、まちづくりに参加してから初めて町会の役員たちとお付き合いを始めたので、旧住民の慣習にはまったく気づかずに、まちづくりの集会で大きな声で行政批判をしてきました。おそらく町会役員の人たちは、私のような新参者が〝お上〟に大声で楯突くのを苦々しく聞いていたことと思います。

まちづくりを始めた当初、私は太子堂の土地所有状況を調べた区の担当者から、かつての農家、現在の主な地主7軒の本家、分家が地区全体の2割以上の土地を所有していることを教えられ、町会、地主の協力なしにはまちづくりはできないと判断しました。

そこで、まちづくり協議会の会長には地主の一人である太子堂町会連合町会のN会長に引き受けてもらうため、自宅を訪ねてお願いしました。しかし、奥さんの病気を理由に断られてしまいました。

幸いに、若い地主の浪貝清太郎さんが旧住民との繋ぎ役になると言って副会長を引き受けてくれましたので、以後、協議会は会長を空席にしたまま3人の副会長と運営委員の合議制で運営することにして活動を始めました。

まちづくりを続けていると、新旧住民あるいは世代間の意識ギャップの大きいことに驚かされることがあります。村落共同体的な考えや慣習を、自分の価値観で一方的に古いとか、保守的とか批判すると溝が深まるだけでまちづくりにとっては逆効果です。

むしろ都市化するなかで、私たちが伝統的なコミュニティを崩壊させ、大事なものをそぎ落としてきた歴史を省察し、旧住民が共同体としての絆を守り、引き継いでいる良い面を学びながら、新しい都市型共同体のあり方を模索していく必要があると考えるようになりました。

中国では改革開放政策を進めた結果、地域間、階層間にさまざまな格差が生じたため、胡錦濤時代になった2006年（平成18）に〝和諧社会〟建設が提起されました。和諧とは調和を意味する言葉だそうですが、太子堂のまちづくりにおいても、地域にしこりを残さないように時間をかけた〝和諧まちづくり〟が必要と考えました。ただし、その道はたんに妥協の模索ではなく、ダイバーシティ（多様性）・マネジメントの確立を探求する道でなければならないと思っています。

4章 ◇ まちづくりにワークショップ初導入

ミミズを怖がる小学生に土の中のミミズの役割を教える「楽働クラブ」

1 手始めに〝まち歩き〟と学習会

世田谷区は、協議会が正式に発足する前の１９８２年（昭和57）１月、〝まちづくり通信〟を全戸配布して都市整備の「太子堂地区ガイドプラン」を提案しました。その内容は、「A案　最低限の防災性能の確保」「B案　広場のある歩行者優先のまちへ」「C案　安全で住みよい明るいまちへ」といったタイトルがついていましたが、いずれも道路整備計画を主体とした提案となっていました。

おそらく、世田谷区としては、協議会でこのメニュー方式のガイドプランを討議して、いずれかの案、たぶんB案を住民に選択させた後は区の事業計画として推進するつもりでいたと思います。

こうしたやり方は、２０１２年（平成24）に政府が行なった討論型世論調査（DP）で、原子力発電比率の選択肢項目として２０３０年代までに「0％」「15％」「20～25％」とする三つの案を示

太子堂地区まちづくり通信No.5

まちづくりの提案　2

―太子堂地区ガイドプラン―

考えよう　まちの将来像

第6回太子堂(2・3丁目)地区
まちづくり懇談会を開催します

日時：1月23日　午後2:00～4:00
場所：第2出張所2階区民フロアー

太子堂地区ガイドプラン

したやり方に似ています。

この討論型世論調査の結果は、最初の原発比率「0％」を望む人が、32・6％から討論後には46・7％に増加、「15％」案が16・8％から15・4％に減少し、「20～25％」が横ばいとなっています。太子堂でのメニュー方式の試みは、もし討議していれば討論型世論調査の先駆けになったといえます。

しかし、太子堂の協議会は世田谷区の期待に反してガイドプランの討議を棚上げし、まず〝学習会〟と〝まち歩き〟から始めました。学習会を先行させたのは、これまでのまちづくり懇談会、協議会設立準備会に参加した住民の意見は、まちづくりに関する知識が乏しいこともあって議論がかみ合わず、たんに個別意見を行政にぶつけるだけで終わり、まちづくりを住民主体で進めるという観点からの討議にはならなかったからです。

私もマンション紛争事件に関わったので、建ぺい率、容積率、用途地区ぐらいの知識は持っていましたが、第1回懇談会で〝2項道路↓用語〟という言葉を聞いて、恥ずかしながら「それはどんな道路ですか」と区に質問した程度の知識で行政批判をしていたのです。

そこで住民の個別意見がかみ合う討議を行なうには、まず、まちづくりの基礎知識を最低限身に着ける必要があると感じて学習会を提案したのです。

学習会は、1年間にわたって都市整備に関する法令、制度の解説、消防署からみた防災の課題、まちの環境とみどりの役割、生活道路のあり方など、それぞれ学者、専門家、消防署長などを講師に招いて話を聞きました。

世田谷区は、こうした協議会の啓蒙、啓発活動には1982年(昭和57)に制定した「世田谷区街づくり条例」および「街づくり専門家派遣要綱」に基づいて積極的に支援し、講師謝礼も負担してくれました。

他方、学習会と並行して「まち歩き」も始めました。これを提案してくれたのは、当時まだ東京工業大学大学院生だった木下勇さん(現在・千葉大学大学院教授)でした。彼は、街づくり懇談会のころから参加して、住民の発言を黙って聞いていましたが、協議会が正式に発足するとさっそく私の自宅を訪ねてきてワークショップをやらせてほしいと言います。

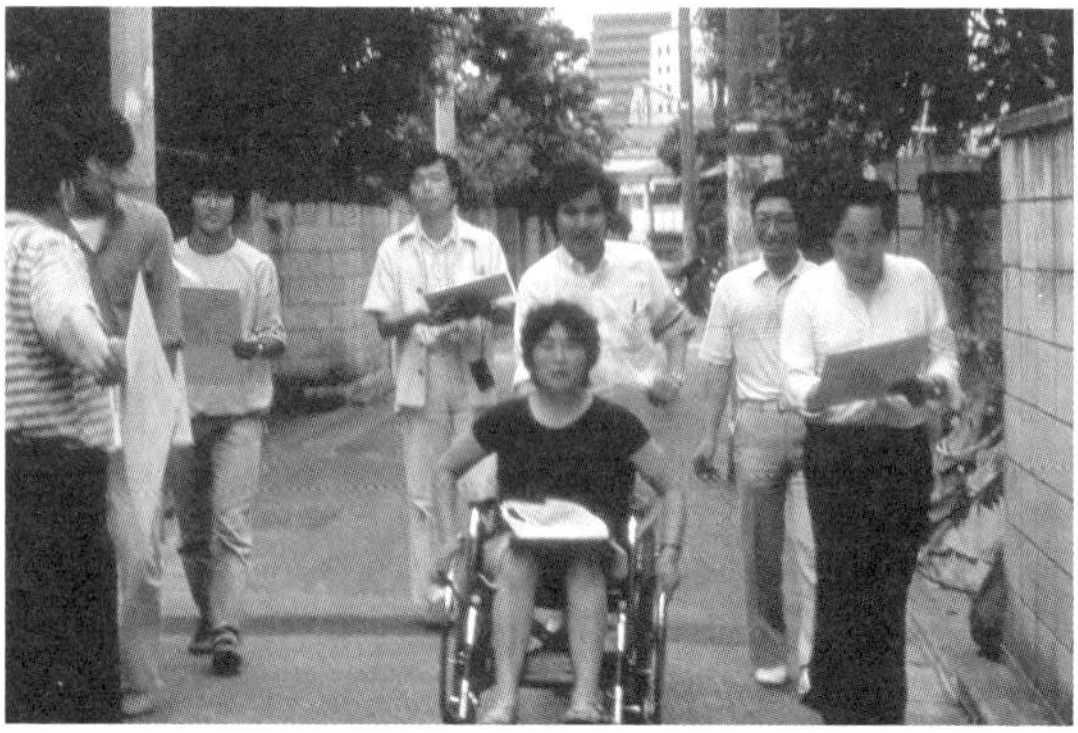
車いすでまちを点検する「まち歩き」

私がワークショップの意味が理解できないため、彼は1時間近く説明してくれたのですが、聞けば聞くほど何となく胡散臭い感じがしてきたので、協議会の運営が軌道に乗ってから考えようと体よくお引き取り願いました。

後で聞いた話ですが、そのころ彼は若い仲間を集めて〝子どもの遊びとまち研究会〟を主催していたのですが、私との話し合いの結果を聞いた若い仲間たちが「梅津にはカタカナ用語を使っては理解してもらえないから〝まち歩き〟と言って提案しよう」ということになったそうです。行政だけでなく、若い人たちにとっても当時の私は扱いにくい人間だったようです。

おかげさまで、ワークショップを理解できなかった私も、1983年（昭和58）に実施した〝まち歩き〟に参加することで、住民同士が現状認識を共有したり、発言できない少数の人の意見を計画に反映させたり、あるいは多様な考えを紡いで新しい創造的な提案を生みだすなど、ワークショップの効果の大きいこと知りました。また、まち歩きだけでなく、子どもを対象にしたオリエンテーリングも若い人たちの提案で実施しました。

まちづくりにワークショップの手法を取り入れたのは、日本で太子堂が最初だったので、これを知った多くの学生や若いコンサルタントの人たちも参加してきました。これらの若い人たちの行動力、想像力は目を見張るものがあり、太子堂のまちづくりに活力を与えてくれました。その後、彼らは太子堂で体験し、学習した経験を他の地域のまちづくりにも適応させ、普及させていきました。

しかし、ワークショップには両儀性があることも理解しておく必要がありそうです。他の地区

オリエンテーリングに参加した子どもたち

で行なった事例を見ると、行政の委託を受けたコンサルタントのなかには、行政の定めた目標、計画に住民を誘導するための手法としてワークショップを使っているのではないかと疑いたくなる例も見受けられました。

やはり、参加する住民自身が主体的に考え、意見を述べ、対話を重ねることによって合意できる最適解を求める努力をしないと、民意を正しく計画に反映させることはできないと思います。

太子堂の協議会は、〝まち歩き〟の後も〝きつねまつり〟や公園づくりなど、協議会主催のさまざまなイベントにワークショップの手法を取り入れてきました。また、まちづくりに子どもたちを参加させ、子どもたちの意見を反映させることができたのは、〝子どもの遊びとまち研究会〟の存在があったからです。今ではワークショップはまちづくりに欠かせない手法になっています。

以下、太子堂の協議会が実施した主なワークショップを紹介しておきましょう。

2 〝きつねまつり〟でオリエンテーリング

古代から〝お祭り〟は地域の人びとの連帯に大きな役割を果たしてきました。協議会では〝まち歩き〟の経験を発展させ、より多くの人たちにまちづくりへ参加してもらうため、〝きつねまつり〟を実施することにしました。このため、地区内の市民団体にも呼びかけて実行委員会を組織・企画して準備しました。

お祭りの名前は、太子堂に伝わる「太子堂橋の子連れきつね」という民話から命名したもので、1984年（昭和59）に第1回を実施しました。街づくりの成果を見てもらうために、子どもたちに新しくできたポケットパークめぐりのオリエンテーリングのほか、毎年テーマを工夫して商店会と住民の「青空ティーチイン」、子どもたちの「クイズ大会」やべーゴマ、メンコなどの「伝承あそび」、高齢者の「じいさん劇団」による寸劇、地域で音楽教室を開いていた先生が作詞、作曲した「きつねまつりサンバ」の合唱など盛りだくさんの企画で楽しいお祭りにしてきました。

〝きつねまつり〟は、1995年（平成7）まで毎年夏休みの最終日曜日に〝ふれあい広場〟で行なってきましたが、広場を使う日が商店会のイベントと重なるようになったこと、少子化の影響で子どもの参加が少なくなったこと、企画・準備をする主力の若い人たちが社会人となり、協議

きつねまつりの会場（ふれあい広場）

手づくりの神輿担いで歩行者天国へ

会の会員も高齢化して余裕がなくなったことなどから12年間で残念ながら中止しました。

この〝きつねまつり〟に対する評価はいろいろありました。子どもたちはオリエンテーリングで新しい発見をして喜び、若者たちは企画、運営を楽しみ、親は子どもを差し置いて伝承遊びに熱中する姿がみられました。年寄りのなかには、子どもや若者との触れ合いで元気をもらう人もいましたが、その反面こんな祭がまちづくりに何の役に立つのかと疑問視する人たちもいました。区議会議員のなかには、協議会のお遊びに区の職員が参加しているのはいかがなものか、と議会で質問した人がいたそうです。

たしかに、〝きつねまつり〟のまちづくり効果を数字で示すことはできません。しかし、〝まち歩き〟やオリエンテーリングを行なった後で世田谷区が実施したアンケート調査を見ると、まちづくりの周知、啓発に大きな効果があったと言えます。

アンケート調査の結果は、1984年（昭和59）「まちづくり通信No・10」に掲載されて全戸配布されました。それによると、18歳以上の住民を対象に個別訪問して配布、配布数は5698枚、回収（一部郵送回収）2782枚、回収率48・8％と高い回答率を得ています。

調査項目のうち、「地区で防災まちづくりを進めていることを知っている」63・3％、「協議会の活動を知っている」41・8％、「街づくり条例についてもよく知っている・知っているが詳しくは知らない」が合わせて53・1％、また太子堂を条例に基づく街づくり推進地区に指定することについても「早急に指定すべきだ・指定してもよい」が73・0％と住民のまちづくりに対する関心の高さを示しています。

〝きつねまつり〟の効果は、そのほか既述したように若い人たちの参加で楽しい企画となり、広く住民たちのふれあう場となったことが協議会活動に活力を与えてくれたことです。また世田谷区の若い担当職員にも同様の効果をもたらしました。協議会の定例会議の討議では、ほとんど区の課長が住民と受け答えをするだけで、若い職員は住民の激しい行政批判に反論できずに黙って聞くだけでしたから、さぞかしストレスが溜まったことでしょう。

行政職員が、この〝きつねまつり〟を企画から後片付けまで住民と一緒に汗を流すことで、たんにストレスを発散する場というだけでなく、住民と行政の間にわだかまっていた不信感が双方とも徐々に薄らいできたように思います。

まちづくりのキーワードとして〝共生〟とか〝協働〟とかの言葉が使われますが、私は〝きつねまつり〟の活動を経験して〝協働〟を実現するにはともに創造し、ともに働き、ともに汗を流し、ともに感じる過程、言い換えれば〝共創〟〝共働〟〝共汗〟〝共感〟がなければ本物の協力して働く〝協働〟にはならないと思っています。

3　ポケットパーク第1号〝とんぼ広場〟

三十余年にわたるまちづくりのなかで、もっとも目に見えるハード面の成果は、広場、公園と私たちがポケットパークと呼んでいる小さな街かど広場です。これまでに約70㎡～250㎡のポケットパークが18カ所、1000㎡を少し超える広場、公園が3カ所出来ました。

その結果、まちづくりを始めた1980年（昭和55）当時の太子堂2、3丁目地区の住民1人当たりの公園、広場の面積は0・43㎡でしたが、2012年（平成24）には1・3㎡に増えました。世田谷区住宅地の住民1人当たりの公園面積は、駒沢公園などの都立公園と世田谷公園の大規模な公園を除くと1・3㎡ですから、太子堂の公園面積は住宅地の平均を達成したことになりました。

ポケットパーク第一号となったのは〝とんぼ広場〟です。この広場は、世田谷区が道路拡幅用地として駅に近い1軒の土地を買収した場所でした。区は、建物を解体したまま空き地にしていたため、ゴミ捨て場や放置自転車置き場に使われ、夏には雑草が茂って近所から苦情が協議会にも持ち込まれてきました。そこで協議会として、この場所を小さな公園にできないかと世田谷区に申し入れました。

世田谷区が協議会の提案を受け入れてくれたので、近隣住民にも呼びかけて小公園づくりの話し合いを始めました。参加した小学校のPTAの主婦の方々から、当時学校の校庭を土に戻す運動をしていた関係もあって、この公園も土のまま残したいとの意見もあり、またシンボルツリーを桜にするかヒメコブシにするかなどについて話し合いをしました。

その結果、①住民参加の手づくりの公園、②土を残す、③自主管理をする、ことなどを確認し、

とんぼ広場となる街づくり事業用地

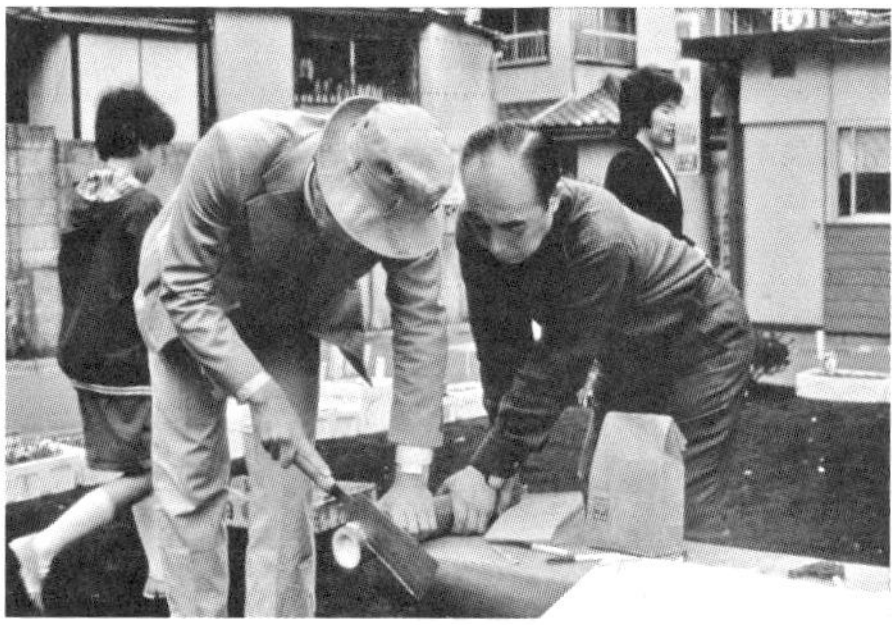

竹垣づくりをする近隣住民

完成したとんぼ広場

公園のデザインから植栽の種類まで相談して決めました。シンボルツリーも桜にしたいという意見に対して、協議会員の植木屋さんが桜は毛虫が出ると忠告したのでヒメコブシで決着、小公園の名前も参加した近所の人たちから「昔はこの辺りはトンボが多かった」との話で〝とんぼ広場〟と名づけました。

造園も業者にすべて任せず、周りの竹垣づくりや〝とんぼ広場〟の看板づくりは住民の手づくり、花植えも魚屋さんから発泡スチロールの魚箱を貰ってきて子どもたちと一緒に植えました。完成後、近隣住民と協議会の有志で「とんぼ広場を育てる会」をつくり、掃除、水やり、草取りを自主的に続け、年末には〝もちつき〟を行なってきました。

育てる会の会長には、隣接する山口さんになっていただきました。山口さんご夫妻は、ごみを捨てようとする人や自転車を置こうとする人を注意してくれたので、気持ちの良い〝憩いの広場〟として維持されてきました。山口さんには15年間も管理責任を担っていただきましたが、80歳をすぎて奥さんを亡くされたので、現在は後述する〝楽働クラブ〟が引き継いで管理を続けています。

ポケットパークは、30年間で18カ所できましたが、いずれも狭く〝かどっこ広場〟の46㎡をはじめ、ほとんどが70㎡～250㎡の広さしかありません。このため、都市空間として延焼防止効果に疑問があり、緊急時の物資集積所にするにしても道路条件が悪いので、ポケットパークは防災には役に立たないと批判する人もいます。

しかし、小公園とはいえ木造住宅密集地区の圧迫感を緩和する空間効果のほか、ワークショップによる公園づくりや住民の自主管理は、たんに行政の仕事を住民が肩代わりしているというより、地域のコミュニティづくりにつながる活動となっています。公園で花植えなどをしていると通りすがりの人から、「ご苦労さん」とか「なんという花ですか」とか声をかけられ、そのなか

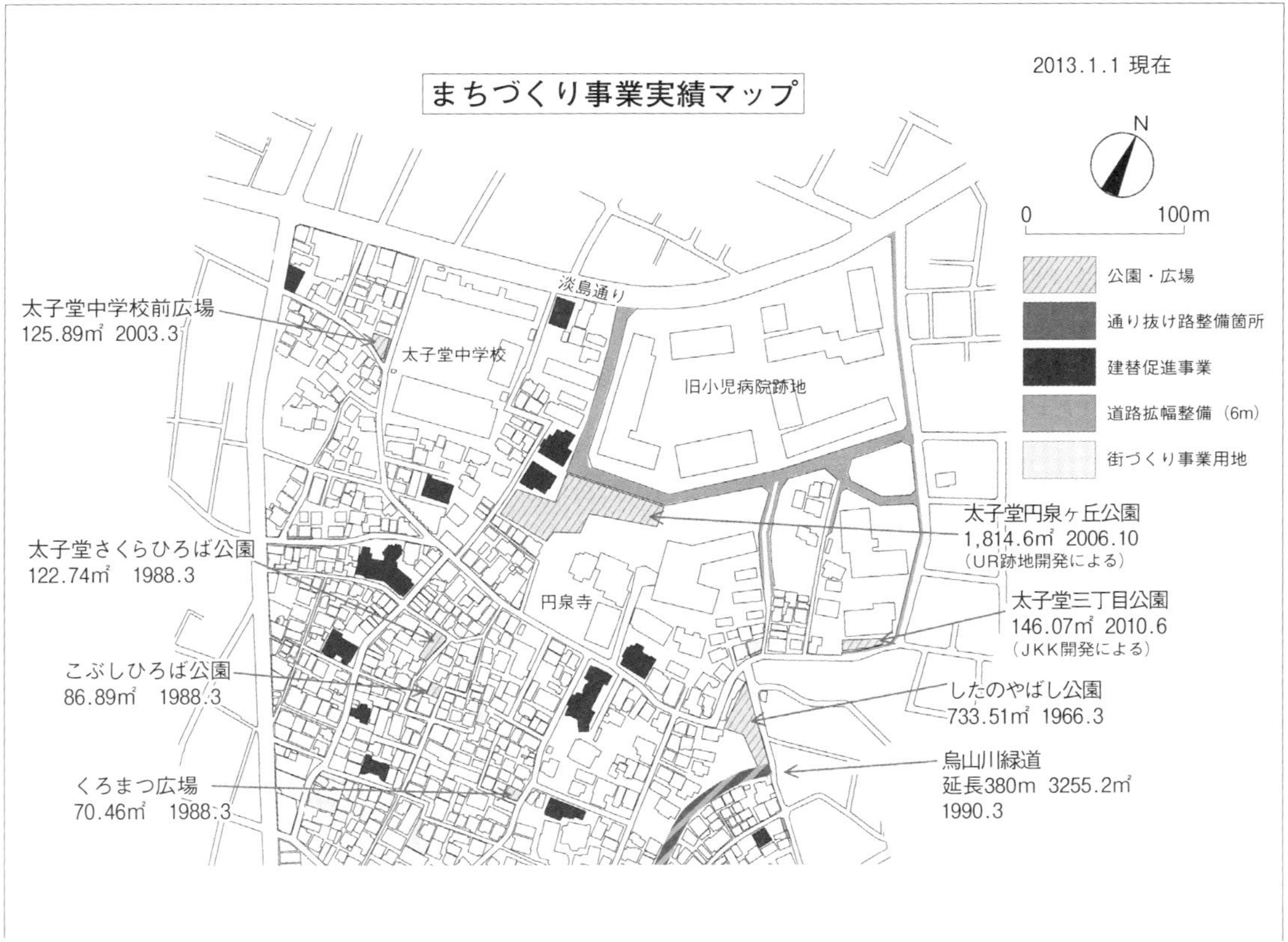
まちづくり事業実績マップ
2013.1.1 現在
N
0
100m
公園・広場
通り抜け路整備箇所
建替促進事業
道路拡幅整備（6m）
街づくり事業用地
淡島通り
太子堂中学校
旧小児病院跡地
円泉寺
太子堂中学校前広場
125.89㎡ 2003.3
太子堂さくらひろば公園
122.74㎡ 1988.3
こぶしひろば公園
86.89㎡ 1988.3
くろまつ広場
70.46㎡ 1988.3
太子堂円泉ヶ丘公園
1,814.6㎡ 2006.10
（UR跡地開発による）
太子堂三丁目公園
146.07㎡ 2010.6
（JKK開発による）
したのやばし公園
733.51㎡ 1966.3
烏山川緑道
延長380m 3255.2㎡
1990.3

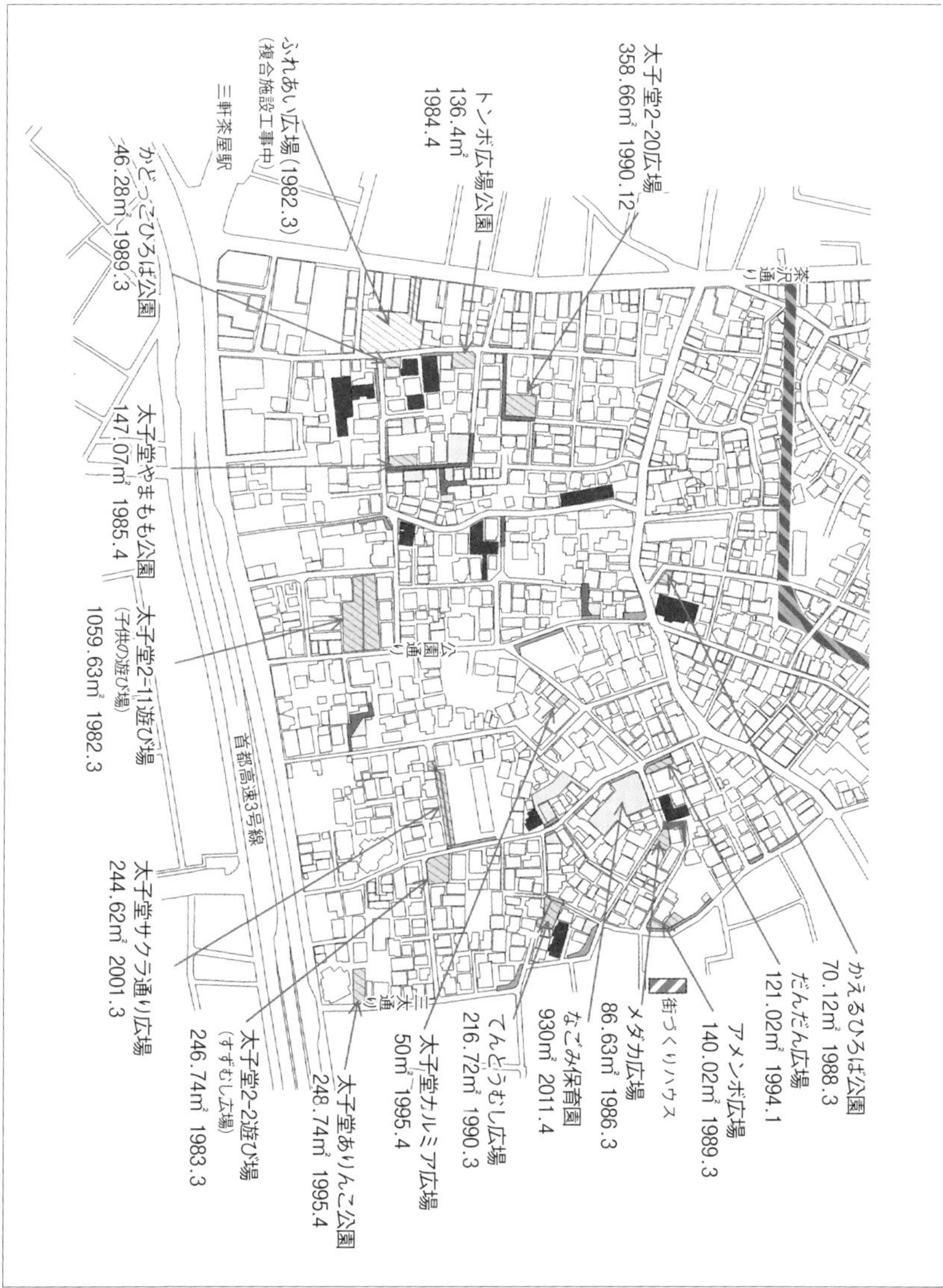

(世田谷区提供の図より作成)

から新しくメンバーに加わる人も出てきました。

また、3人以上の団体が申し込めば自主管理を認めてもらえることを知った人たちが、ほかの公園で区と管理協定を結んで活動を始めるなど、太子堂2、3丁目地区にある公園、緑道で掃除、水やりなどを行なっている町会や市民団体は6団体、12カ所に増えました。小さな公園での活動が縁結びとなって、地域のコミュニティの輪が少しずつ広がってきています。

4 〃せせらぎ〃の流れる烏山川緑道再生計画

太子堂2丁目と3丁目の間の東西方向に1965年（昭和40）まで〃烏山川〃が流れていました。地域の人たちは〃烏山川〃と呼んでいますが、江戸時代中期に太子堂村、若林村、世田谷村など流域の村が幕府に請願して玉川上水から分水してもらった後は〃烏山用水〃というのが正式な名称となっています。

都、烏山川緑道の下に下水本管

戦後、家の建て詰まりが進み生活排水で川が汚れ、1958年（昭和33）の狩野川台風で洪水被害が発生したため、東京都はそれまでの石垣の護岸をコンクリートの護岸に改修しました。ところが、住宅の密集化が進むのにつれて大雨が降ると溢水被害が頻発するようになり、烏山川もドブ川と化してヘドロが悪臭を放つようになりました。

東京都は、住民の苦情を受けて1965年（昭和40）に川を暗渠化し、散歩道の〝烏山川緑道〟として整備しました。もっとも、烏山川を暗渠にしたのは、川が汚水となり水害が頻発するようになったためと私たちは聞いていたのですが、本当の理由は下水本管を埋設するのが目的だったようです

暗渠化する以前の烏山川用水

というのは、世田谷区の下水普及率は1970年（昭和45）になってもわずか2%と東京23区のなかでは最低となっていました。このため、当初世田谷区は各家庭の浄化槽設置に助成金を出していましたが、東京都は1966年度（昭和41）からようやく本格的な下水道建設を始めました。

しかし太子堂地区では、本来ならば下水本管を国道246号線など幹線道路の地下に埋設すべきでしょうが、東京オリンピック開催に合わせて道路を拡幅した際、地下鉄と高速道路の工事を優先したため埋設する余地がなくなったこと、また一般道路での地下工事は、自動車交通量の

川を暗渠にしてつくられた烏山川緑道

増大で不可能になっていました。

このため、東京都は手っ取り早く烏山川、北沢川、蛇崩川《じゃくずれ》など区内の中小河川を暗渠にして下水幹線（合流式ボックスカルバート）にしたのが本当の理由だったようです。ちなみに、世田谷区内の下水普及率がほぼ100％に達したのは、ようやく1994年度末（平成6）になってからです。

暗渠にした理由はともかく、せっかく〝烏山川緑道〟ができて散歩道や子どもの遊び場として利用されるようになったのに、1980年（昭和55）ごろには緑道の床面が傷んで水たまりができ、両側の植え込みにゴミを捨てる人たちがいて汚い緑道になっていました。なかには、テレビ、冷蔵庫などの粗大ゴミまで捨てる人がいました。

そこで協議会で検討して、〝せせらぎ〟のある烏山川緑道の再生計画を世田谷区に提案することにしました。〝せせらぎ〟をつくる計画は、地域の年寄りたちから子どものころ烏山川で泳いだことなど、懐かしい思い出話を聞いた若い人たちから提案されたものです。

協議会でも、現在の新住民の多くは緑道が以前川だったことを知らないし、私たちが生活排水で川を汚した反省のモニュメントとしても〝せせらぎ〟をつくろうということになりました。
たまたま、協議会では発足以来、「安全部会」「地域部会」「生活部会」の３部会を立ち上げて、まちづくり全般について検討した結果を「太子堂まちづくり中間提案―10の提案」にまとめましたので、その提案の一つとして〝烏山川緑道の再生計画〟を盛り込み、「協議会ニュース」を発行して全戸配布しました。

この中間提案は、①防災活動の推進、②ブロック塀の改良、③避難の安全確保、④生活道路の整備、⑤まちかど広場の創出、⑥烏山川緑道の再生、⑦建て方のルールづくり、⑧太子堂きつねまつりの定着、⑨花と木の育成、⑩太子堂ガイドブックの作成、の10項目で構成されています。

１９８５年（昭和60）１月、この全戸配布した「中間提案」に対して地区住民から反対意見がないことを確かめたうえで世田谷区長に提出しました。これを受けた世田谷区は、さっそく〝烏山川緑道の再生計画〟の予算措置を講じてくれました。

世田谷区が、協議会の提案に積極的な姿勢を示してくれたのは、当時コンクリートと鉄の無機質なまちに対して、水と緑のある都市景観が社会的に求められるようになり、江戸川区が作った〝古川親水公園〟が高い評価を受けるなど、各地で水と親しめる景観づくりが始まっていたことが背景になっています。

ところが、烏山川緑道の再生計画が朝日新聞に「川の上に川……人工でよみがえる世田谷の烏山川」の見出しで報じられると、思いがけず緑道沿いの住民多数の署名つきで「太子堂烏山川緑道に水路を設置し、いこいの場とする計画に反対する意見書」が区に提出されました。

せせらぎ計画反対住民との話合い

協議会が提案した計画に、同じ地域住民から反対運動が起きたのですから放置できません。さっそく、反対住民に呼びかけて意見交換の場を設けました。私が反対の理由を聞くと、水の被害を受けた苦い経験から〝せせらぎ〟など見たくないとの意見が多数でした。緑道沿いの主婦の方からは「梅津さんは高台に住んでいて水の被害にあったことがないから、こんな勝手な計画を立てられるのだ」と激しく非難されました。

正直に言って、〝誰からも歓迎される計画〟と思っていた私たちは、初めて〝浸水〟被害が〝親水〟に嫌悪感を持つ原因になっていることを知りました。そのほか、〝せせらぎ〟など作ると「子どもが遊ぶからうるさい、迷惑施設だ」とか、逆に子どもを持つお母さんからは「〝せせらぎ〟

1986年(昭和61年)2月19日 水曜日

川の上に

川

10年前に暗きょ化

人工でよみがえる世田谷の烏山川

住民要望で区が〝名案〟

63年度には

面影再現へ水車小屋も

再生計画を報じた朝日新聞

にビンやカンを捨てる人がいるので、子どもが入って怪我をする心配があるのでやめてほしい」などの意見が出されました。

激しい批判に曝された私は、「皆さんが反対なら計画を撤回しますが、現状のままでもよいのですか」と問いかけたところ、「それは困ります」と落ち葉の処理、花火などの騒音、犬の散歩をする人のフンの不始末など、さまざまな苦情が噴出しました。

完成した緑道の“せせらぎ”

そこで、反対住民と一緒に緑道の点検をやって問題点を共有したり、他地区のせせらぎ見学会をしたり、子どもの提案を聞くシンポジュウムを開いたりとワークショップの手法を使って1986年（昭和61）から1年半も話し合いをつづけました。そのうち、反対住民の中から〝せせらぎ〟があってもよいのではないかとの意見が出て、改めて合意に基づく設計図を作って区に提案しました。

せせらぎ計画をめぐる対立を乗り越え、合意ができたのは、決して協議会の努力だけではありません。沿道住民の反対意見の裏には、無接道の家が緑道側に玄関を設けたり、河川敷の土地を無断で使用していた人などが、緑道の再生計画で使用できなくなると不安を感じて別の理由づけで反対していることが判りました。当時街づくり推進課の渡辺憲四郎係長は、反対派の人たちを個別に訪ね、本音で話し合って解決してくれました。こうした行政の努力なしには〝せせらぎ計画〟は実現できなかったと思います。

世田谷区は、この提案をもとに全国で初めて国土庁の「防災緑地網整備事業」の助成を受け、1990年（平成2）3月に現在の〝せせらぎ〟のある緑道再整備事業を完成させました。

この〝せせらぎ〟の水は、太子堂中学の温水プールからあふれた水をパイプラインで〝したのや公園〟の地下貯水槽（100t）に蓄え、それを循環させるという、いわば水の再利用を図っています。また、緑道は災害時に緊急車両が通れるよう設計されていて、避難活動、消防活動、延焼防止など地区の防災性能の向上に大きな役割を果たすことになりました。

そのほか、烏山川緑道の下ノ谷橋から一善橋の間には、学区域の多門小学校児童114名、一善橋から太子橋までの間には太子堂小学校児童96名が描いた絵陶板を配しています。春には花見をする人、夏には水遊びをする子ども、ジョギングする若者、車いすで散策するお年寄りなど四季折々に楽しむ住民の姿が見られる〝水と緑と絵陶板のある楽しい歩行者空間〟として親しまれています。

2014年（平成26）3月、世田谷区は太子堂と三宿地区の烏山川緑道を「風景づくり条例」

に基づく「地域風景資産」に指定しています。

太子堂のまちづくりの視察に来られた人たちを緑道に案内すると、「こんな素敵な緑道を造るのに反対運動があったなど信じられない」という人が多いのです。私は「できあがった緑道を褒めるより、住民同士の対立を話し合いで解決したプロセスを褒めてください。今後、もっと素晴らしい緑道ができると思います」と言ってきました。

事実、隣町を流れる北沢川緑道の改修事業では、住民参加で自然な流れに近いビオトープの〃せせらぎ〃をつくり、建設大臣から1997年（平成9）「手づくり郷土賞」を受けています。

北沢川緑道のビオトープ

もっとも、烏山川緑道の再生計画がすべての住民に歓迎されたわけではありません。緑道の整備事業の完成は、隣接する下の谷商店街にマイナスの影響を与えてしまいました。

この商店街は、関東大震災で被災して移ってきた人たちが築いた商店街で、小さなお店が軒を連ねる下町雰囲気の商店街として人気がありました。とくに若手商店主らの発案で、１９７４年（昭和49）のオイルショックの後、地域の人たちを元気づけたいと東京初の〝朝市〟を始めたことがＮＨＫの〝新日本紀行〟で紹介されたり、世田谷区の〝せたがや百景〟の一つに選定されたりしています。

ところが〝せせらぎ〟のある緑道ができると人の流れが変わりました。これまで商店街の道を通っていた人たちが緑道を通るようになったのです。その影響もあって、〝朝市〟を開いていたころ70軒ほどあった商店が、今では18軒まで減ってしまいました。お店を閉めた人のなかには「協議会が〝せせらぎ〟など余計なものを作るから店がつぶれた」と言っているとの話を耳にしました。

もちろん、緑道整備の影響だけでなく、近くに大型スーパー、コンビニなどができた影響も大きかったと思うし、顧客のニーズの変化に対応が遅れたことなども原因していると考えられます。小規模な店にとっては、合理化投資、新規投資には限界があったということかもしれません。

下の谷商店街の朝市

協議会の会員には、下の谷商店会の役員も参加していましたが、商店の人たちが会議に参加しやすい会議時間の設定や、緑道と商店街を結び付けてお客さんが回遊する提案づくりなどの配慮が足りなかったなど、後から反省すべきことが多いことに気がつきました。やはり、まちづくりは部分最適化だけでなく、その結果の影響についても慎重に検討すべきことを学びました。

5　住民合意の法定「地区計画」策定

太子堂の協議会は、当初世田谷区から1985年（昭和60）に提示された〝まちづくり計画〟の検討を棚上げし、学習会やまち歩きをした後、前述の「まちづくり中間提案」をまとめて区に提出しました。

その後、「建て方のルール部会」と「広場・緑道部会」の2部会を発足させて具体的な提案づくりに取り組みました。烏山川緑道の再生計画をめぐる住民対立の解決やポケットパークの計画調整は「広場・緑道部会」が、また法定地区計画策定にともなう道路拡幅をめぐる対立は「建て方のルール部会」が沿道会議の開催を呼びかけてその解決に努力してきました。

「建て方のルール部会」が、法定地区計画制度↓用語の策定を前提として検討を始めたのは、世田谷区の指導要綱や誘導指針を守らない業者がいる事例を見てきたので、住民合意のルールができたら、それを法的に担保する必要があると考えたからです。

地区計画制度は、建設省都市計画中央審議会の第8次答申「長期的視点に立った都市整備の基本方向」を受けて、1980（昭和55）年に制定されています。

この答申の背景は、第一に都市計画法が1968年（昭和43）に「制定されてからわずか10年にして、現行法が都市問題に対処できなくなったということ」、第二は「答申が建築基準法や都市計画法の個々の規定ではなく、建築基準法や都市計画法のそれぞれの全体およびそれらの関係の全体、すなわち〝現行法体系〟が時代に適合しなくなったとしていること」だと法政大学の五十嵐敬喜教授（当時）は『都市法』（現代行政法学全集、1987）で指摘しています。

地区計画制度の制定にともなって、各地方自治体では手続法としての「街づくり条例」を策定してきましたが、世田谷区と神戸市は1982年（昭和57）に施行した「街づくり条例」に住民参加の仕組みを盛り込みましたので、それ以来、「東の世田谷、西の神戸が住民参加のまちづくり先進自治体」と言われるようになりました。

世田谷区は、街づくり条例を制定した後、1984年（昭和59）に太子堂2、3丁目地区を条例に基づく「街づくり推進地区」に指定、同時に太子堂地区まちづくり協議会も「認定協議会」に指定しました。

認定協議会というのは、その地区のまちづくりを検討する唯一の組織であると区長が認める制度です。さらに区は、協議会の「中間提案」を受けて1985年（昭和60）に「太子堂まちづくり計画」を行政指導の誘導指針として策定しました。

協議会では、認定協議会に指定されたのを機に「建て方のルール部会」で独自の提案作りを検討して、1988年（昭和63）に「地区計画策定に関する要望書」を区に提出しました。このなかで、2項道路の整備については建て替えの際に、道路の中心線から2mのセットバック（壁面後退）を守って4mの幅員を確保することや、建物およびブロック塀の高さ制限、屋外広告塔などについても独自の規制基準を提案しています。

もちろん、協議会のなかには法定地区計画による強制力をもった規制に反対する人もいましたが、太子堂地区内で頻発するマンション紛争事件などに対処するには、強制力のないルールを作っても守らない業者が出てくるので、民意を反映した地区計画制度によって担保する必要があるということで合意されました。

ただし、建物の高さ制限や最低敷地面積の基準、道路拡幅などの規制は財産権に関わるので、協議会の会員が合意した内容を「協議会ニュース」で全戸配布して地域住民の賛否を問い、反対意見がないことを確かめてから

世田谷区街づくり条例

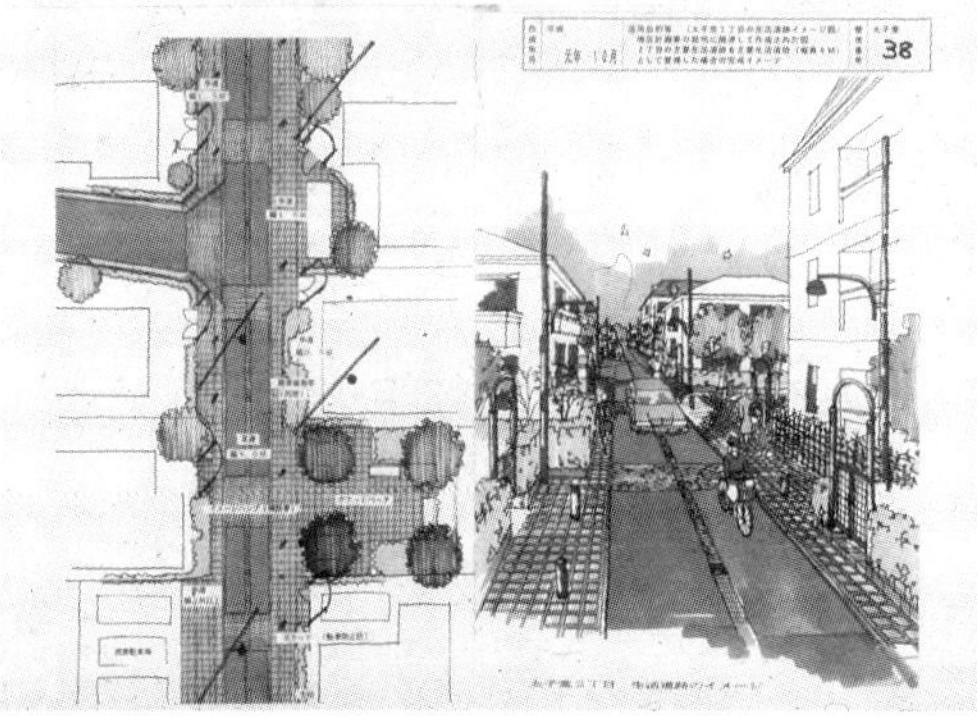

沿道会議に提案された道路構造図

区に提案しました。世田谷区は、それを受けて独自に一部の道路を6mに拡幅する地区計画案を決めました。

世田谷区が、その計画案の住民説明会を始めると、協議会で意見の一致が得られなかった6m道路の拡幅計画には、やはり反対意見が出ました。そこで6mの拡幅計画の対象となった2本の道路については、協議会の呼びかけで〝沿道会議〟を開いて意見の集約を図りました。

最初に開いた通称〝公園通り〟の沿道会議には、地権者の8割が参加しました。区の6m拡幅の説明には、自動車の通過量増大にともなう交通事故を理由に反対する意見が圧倒しました。沿道住民の反対意見を真摯に受け止めた小西恭一・街づくり推進課長は、第2回の沿道会議で、6mに拡幅する道路は車道を4mに限定して両側に歩道を設け、ハンプなども採り入れた今のコミュニティ道路の先駆けとなる計画図面を提示して協力を求めました。

これを聞いた理髪店のご主人が、「3mもセットバックすると店が狭くなって営業ができなくなるので、近くに代替地を用意してくれるなら協力する」と発言しました。小西恭一課長が、代替地の確保を約束したのを契機に、建て替えの時にセットバックする条件ならば道路の6m拡幅もやむを得ないとして合意が成立しました。

世田谷区は、他の道路についても反対意見を考慮して拡幅後の交通安全対策やセットバックした土地の一部買い上げなどの条件を提示して、おおむね沿道住民の合意を得ました。このように、さまざまな曲折をへて太子堂地区の「法定地区計画」は、区が独自に決めた基準も含めて1990年（平成2）に施行されました。

このような、地区計画策定の討議を通して私たちは多くのことを学びました。協議会としてまちづくり計画を提案するには、建築基準法、都市計画法はもちろん「小規模宅地開発指導要綱」「集合住宅等建設指導要綱」「ワンルームマンション等建築指導要綱」など関連する多くの法制度を最低限理解しておかないと、住民参加と言っても行政と対等に討議することができません。しかし、正直に言って、こうした法制度を理解することは一般住民としてはかなりの負担になりました。

このため、会員のなかには協議会の討議はむずかしいとか面白くないと言って欠席する人が増え、その後の協議会運営の悩みの種となりました。欠席者が増えれば、常連会員との知識差が開きます。毎回、基礎知識の説明から始めていては、会議に時間がかかり討議が前に進みません。そうしたジレンマを繰り返しながら会議を続けていますが、しだいに月1回の定例会の出席者が固定化、少数化、そして高齢化してきたのは事実で、いまだにこの悩みは解決していません。

6　ワークショップで〝楽働クラブ〟誕生

協議会では、法定地区計画の検討過程で、防災性能を高めるという視点だけで街づくりのルールを決めると問題がいろいろ生じることに気がつきました。

たとえば、木造の賃貸アパートをコンクリートのマンションに建て替えることは、まちの防災性能を高めるうえで歓迎すべきことかもしれませんが、古い木造の賃貸アパートには一人暮らしの老人がかなり住んでいて、マンションに建て替わると家賃が高くなるため、住み慣れた太子堂を離れていく人たちが多いことを知ったからです。

そこで協議会では、〝まちづくり難民〟を出してはいけないとの思いから、まず「老後も住みつづけられるまちづくり」をテーマにしたワークショップを主催して、多角的な視点からまちづくりを検討することにしました。しかし、協議会が自主的なワークショップを主催するには運営資金が必要です。

たまたま世田谷区は、1988年（昭和63）から「まちづくりリレーイベント」を毎年開催していました。これは、区民に対するまちづくりの啓蒙、啓発を目的にしているほか、行政の縦割りを横につなげて区役所全体でまちづくりに取り組む姿勢を示すために、区の各部が企画運営する行政主催のイベントでした。このイベントは、国からも評価されて、１９９０年（平成2）に国土庁の〝全国地域づくり賞〟を受賞しています。

住民自主企画のワークショップ開催

協議会は、この世田谷区のリレーイベントの１９９０年度（平成2）のテーマが〝長寿社会と環境〟だったのに目をつけて自主参加を申し込みました。協議会は、街づくり条例の趣旨を盾に自主企画、自主運営としたいので、協議会の企画内容に区は一切口を出さないでお金だけ出せという虫のよい条件を申し入れたのです。

これに対して、当時の小西恭一・街づくり推進課長は快く認めてくれて、リレーイベントに初めて住民の自主企画が実現することになりました。やはり〝とんぼ広場〟の自主管理や〝烏山川緑道のせせらぎづくり〟の活動をとおして、協議会と行政との間に一定の信頼関係を築いたから実現できたと思います。

協議会は、最初のワークショップのテーマ「老後も住みつづけられるまちづくり」の実施にあたって、実行委員会に学者、専門家の協力を求めたほか、広く住民の英知を集めたいと区の広報紙を通じて区民の参加を呼びかけました。会場の都合などから、定員40名で募集したのですが、

「老後も住みつづけられるまちづくり」ワークショップ会場

20歳の大学生から84歳の高齢者まで70名の参加者があり、高齢化社会の問題に対する世間の関心の高さを改めて知りました。

ワークショップは、1990年（平成2）7月から翌年3月にかけて11回実施しました。講師に招いた保健所の地域担当保健師の立花鈴子さんは、次回から同僚の看護師さんを連れて仲間入りするなど関心の輪が大きく広がっていきました。学生たちも友達を誘ってくるなどしだいに参加者が増えて80名を超え、プレハブの会場は毎回はち切れんばかりの熱気に包まれました。

このワークショップでは、この指とまれ式のテーマ別にグループをつくって討議した結果、①未来の地域社会像、②生きがいを拓くコミュニティセンター、③素敵な生活スタイル、④都市共棲住宅、⑤レレレのおじさんのいるまち、⑥楽働クラブ、の六つの提案が出されました。

このうち、〃楽働クラブ〃をつくろうと提案したグループは、大学生の横山友子さんが代表して提案趣旨を説明しました。そのなかで「私は、高齢化社会というと寝たきり老人の介護とか孤独死などの対策をイメージして参加したのですが、太子堂のお年寄りをヒヤリングして歩いたら、みんな元気でいろいろな知識、技術、趣味をもっていることを知り、これをまちづくりに生かすべきだと考えました」と話したのがたいへん印象的でした。

この楽働グループの最初のテーマは〝遊びと仕事〟でした。ところが、最高齢者の小林松太郎さんが、菊づくりや襖張りなど具体的にやりたいことをメモで示し、地域の人が集まって交流できるように自宅を開放してもよいとの話をされたので、グループの皆さんが小林さんの家で討議を深めて〝楽働クラブ〟の提案になったそうです。

世話人の一人として、このグループに参加していた都市プランナーの吉川仁さん（防災アンド都市づくり計画室）は、後の座談会で「小林さんが〝自分の家を提供して、自分がやるから〟というのは、まちの方からのまちづくり理論ですね。それはプロがやれ、行政がやれといえる話ではない。それを見たときに初めて太子堂・三宿のまちづくりはたいへんなことをやりだしているな、という感じをもった」と述べています。

同じグループの横山友子さんは「やっぱり小林さんの事例がなければ、結構きれいごとになっちゃったと思うけど。やりだしたらたいへんじゃない？というのもあったし。でも実際に小林さんの家を拠点にして、ちょっとずつでもいいからやりだそうといって、やれる雰囲気があったんですよね」と述懐しています。他のグループに参加していた地元住民も巻き込んで、ワークショップ終了を待たずに1990年（平成2）11月から花植えの具体的な活動を始めています。

花植えから公園管理など広がる活動

花を植えてまちを美しくしようという目的の活動を始めたのは、代表の小林松太郎さんが盆栽、目良松男さんが花卉、寺崎茂さんが山野草の趣味をもっていたからだそうです。目良さんは、大手電機通信会社の技術者でしたが、定年後東京農業大学のアカデミー教室で2年間本格的に園芸を学んだ人です。この3人が楽働クラブの基礎を築いたのですが、今は3人とも鬼籍の人となりました。

〝楽働クラブ〟が、区に活動資金の助成を申請するため正式に発足したのは1992年（平成4）4月。世田谷区が買収した太子堂・三宿地区にある「街づくり事業用地」に花を植える活動を本格的に始めました。現在、会員数は27名に増え、活動内容も広がってきました。公園や緑道の花壇づくりのほか、園芸講習会、季節ごとに新年会、お花見、お月見など楽しみながら会員の親睦を図っています。

〝楽働クラブ〟のこうした活動経費は、年1000円の会費だけでは賄えないため、世田谷区と公園6カ所の管理協定を結んで毎週掃除、水やり、草取りをして報奨費および花苗、肥料などの支給を受けています。また花壇の花植え管理は8カ所を担当しています。

1998年（平成10）には、農林水産省・建設省提唱の「花のまちづくりコンクール」に参加して〝優秀賞〟を受賞しました。受賞の理由には「花づくりに留まらず、緑、野鳥、子どもたちの遊び場、環境教育などを絡めて、安全にいつまでも住み続けられるまちづくりをめざして幅広い活動を行なっている」ことがあげられています。

小学生に花植えを教える「楽働クラブ」

環境教育が評価されたのは、〝楽働クラブ〟の花植え作業を見た地元三宿小学校の先生から、子どもたちに花植えを教えてほしいと言われて、毎年1年生の生活科の時間に緑道の花壇の花植え指導を1995年（平成7）から続けているからです。学校は、そのお礼に会員を〝ふれあい給食〟に招待して子どもたちとの交流を深めています。

一方、〝楽働クラブ〟の活動が防犯にも寄与していると予期しない評価を受けて、世田谷警察署長から2014年（平成26）6月に「地域安全活動を積極的に推進され安全で安心な街づくりに多大な貢献」をしていると感謝状を贈られています。

〝楽働クラブ〟の活動を見て、三宿のお年寄りグループ〝三宿幸壽会〟が緑道に新たに花壇をつくり管理を行なっています。また、楽働クラブ会員の中野慶子さんは、自宅近くの広場に花壇がないので、新しく「花と健康増進」をテーマにした〝フレンドリーパーク〟というグループをつくり、楽働クラブの活動と掛け持ちで花植えを始めました。そのほか、未利用の「街づくり事業用地」を3人以上のグループをつくって花植えを始めたところも5カ所あります。

太子堂のまちづくり協議会が、〝とんぼ広場〟で始めたポケットパークづくりの活動が、いわば〝一粒の麦〟となって、広場、公園、緑道の掃除、花植えなどの自主的な市民活動が芽を出し、地域全体に波及していきました。

5章◇対立を乗り越えるために

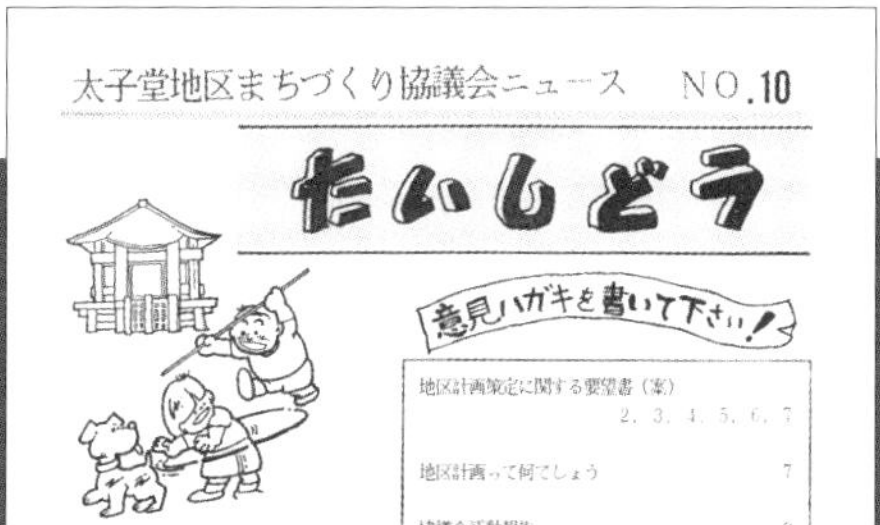
太子堂地区まちづくり協議会ニュース　NO.10

たいしどう

意見ハガキを書いて下さい！

地区計画策定に関する要望書（案）　2，3，4，5，6，7

地区計画って何でしょう　7

協議会活動報告　8

昭和63年3月

発行　太子堂地区まちづくり協議会

太子堂協議会ニュース No.10

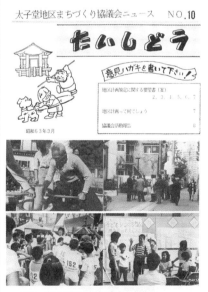

1 〝三太通り〟拡幅計画の「共同宣言」

世田谷区では、英国のハワードなどによる田園都市づくりの考えに刺激されて、大正時代に民間企業の東京信託㈱と玉川電鉄が宅地造成した新町住宅をはじめ、成城学園が宅地開発した成城地区や玉川村の村長のリーダーシップで耕地整理を行なった玉川地区などの高級住宅地が出現したので、世田谷区全体が高級住宅地と誤解している人もいます。

しかし、世田谷区は〝タクシー運転手泣かせのまち〟として知られています。農地や山林の宅地化が進んで人口が急増していきましたが、農道がそのまま道路になり、戦後の道路整備も遅れたため迷路のような道が多いからです。

太子堂は既述してきたように、道路整備計画がないまま市街化したまちです。道が狭く曲がりくねり、行き止まりが多く、地区内のほとんどが一方通行となっていますから、タクシーに限らず地区外から来たお客さまは道に迷います。しか

狭い道で遊ぶ子どもたち

し、長年住み慣れた住民にとっては自動車が通らず、人が立ち話をしたり、子どもが遊べる楽しい安全な道となっていました。

とはいえ、太子堂が防災上危険なまちであることは否定できませんが、まちづくりの討議で住民と行政がもっとも激しく対立するのが道路拡幅計画です。

世田谷区が、防災街づくりの課題として狭隘道路の拡幅整備を挙げたのに対して、60㎡以下の狭い敷地の家が多い住民にとって、道路の拡幅で土地、建物を削られることは生活基盤を削られることになるので、現状を維持するための理由づけをいろいろ考えて反対します。

協議会、沿道会議の開催を提案

世田谷区は、こうした太子堂の現状では減歩をともなう土地区画整理事業の適用は無理と判断して、建て替えの時にセットバック（壁面後退）して順次4m道路に拡幅する〝修復型〟の整備を提案しましたが、とくに災害時の避難路と位置づけた地区内の4路線だけは6m道路に拡幅する街づくり計画案を提示してきました。

これに対して協議会は、4m以下の2項道路の解消を住民に呼びかけることを決めたものの、6m道路に拡幅する区の計画案については、対象となる4路線の沿道住民の意見を聞いて合意形成を図るべきだとの方針を決めました。

いうまでもなく、協議会は1982年（昭和57）に制定された「街づくり条例」で太子堂のまちづくりを検討する唯一の組織であると区長から〝認定〟された協議会です。

しかし、協議会の会員は公募で参加した住民で構成した組織です。たとえ区長が条例で認定した協議会であっても、選挙で地区住民の信託を受けていない以上は、協議会50名の会員だけで権利の制限をともなう計画を決定すべきではないと考えて〝沿道会議〟の開催を提案したのです。

さっそく、6m拡幅の対象となった4路線のうち、前記4章－5で既述したように、まず〝公園通り〟の住民に呼びかけて沿道会議を開いて協議した結果、建て替え時のセットバックを条件に計画が了承されました。

世田谷区は、次に〝円泉寺通り〟についてもコミュニティ道路様式の図面を示して説明し、沿道会議に参加した住民から反対意見が出ないのを確かめて「地区計画」案を都市計画審議会に諮りました。

ところが、計画を知らなかったと主張する一部の〝円泉寺通り〟住民が、都市計画審議会に乗り込んで反対を主張したため、審議会では「住民に周知すること」の付帯条件を付けて承認するといった曲折もありました。このため、建築条例の手続きが遅れましたが、1990年（平成2）に「太子堂2、3丁目地区計画」は施行され、住民参加で決めたルールが初めて法的に担保されることになりました。

なお、区の法定地区計画案では太子堂2丁目と隣接する三宿1丁目との境の〝三太通り〟も6m拡幅計画の対象にしていましたが、たまたま三宿1丁目の住民が屋上広告塔やマンション反対運動を通して協議会を設立する署名活動を始めた時期でした。

このため太子堂協議会としては、三宿協議会が設立されるのを待って一緒に地区計画づくりのすり合わせをする方針を決め、当面〝三太通り〟の沿道会議の開催を見送ってきました。

三宿1丁目地区まちづくり協議会は、1988年（昭和63）に発足、1991年（平成3）1月には独自に「三宿1丁目地区における地区計画の策定について」の要望書を世田谷区に提出しました。世田谷区は、この要望に基づいて1994年（平成6）11月に太子堂とほぼ同じ内容の「三宿1丁目地区計画」の素案を提示しました。

この時期になると、あいにく太子堂協議会のほうは烏山川緑道のせせらぎ計画、6m道路の拡幅計画の対象になった二つの沿道会議、三軒茶屋駅前再開発計画などへの取り組みやワークショップの開催、ポケットパークづくりの準

消防自動車が通れない三太通り

(世田谷区提供の図より作成)

備などに追われていました。

一方、三宿協議会の方も地区計画の内容討議が進まず、太子堂、三宿両協議会が合同で〝三太通り〟の沿道会議を開いて話し合う余裕がありませんでした。

修復型街づくりは、住民の生活条件を急変させないので合意が得やすい利点がある反面、計画実現までに時間がかかります。とくに防災街づくりの主要課題である道路の拡幅計画は住民と行政の対立が激しく、地区計画を施行しても道路の拡幅が遅々として進捗しない状態が続きます。このため「木密事業制度」で多額の補助金を出している建設省と東京都は世田谷区に促進の圧力を強めてきます。

世田谷区は、こうした圧力を背景に1995年（平成7）10月、〝三太通り〟を強制力のある道路法による道路事業で6mに拡幅する計画を提示してきました。

これに対して太子堂の協議会は、従来どおり区と協議会の共催で沿道会議を開いて地権者の意見を聞くべきだと主張しました。しかし、当時のY街づくり課長は区の責任で説明会を開いて沿道住民の了承をとると言って協議会の提案を拒否しました。

担当課長が沿道会議を拒否したのは、建設省、東京都から圧力があっただけでなく、1995年（平成7）3月に世田谷区の「街づくり条例」が改正されて協議会の〝認定〟方式が廃止された事情もあったようです。

ようするに、世田谷区の職員のなかには住民参加のまちづくりに批判的な人たちがいて、条例の改正で認定制度がなくなった以上、太子堂協議会を任意団体として扱い、意見は聞くが街づくりは区独自の判断で事業を進めるべきだと考えたようです。

こうして、区単独主催の〝三太通り〟拡幅計画の説明会が開催されました。出席した住民は12名、そのうち沿道の住民はわずか4名でした。協議会は参加者が少ないので、もう一度説明会を開くべきだと申し入れたのですが、このY街づくり課長は「計画を知らせるチラシを全戸配布して周知したのに、参加者が少ないのは計画に同意しているからだ」と強弁する始末。

ところが、説明会に出席した人から口伝てで〝三太通り〟の拡幅計画が沿道住民に伝わると、たちまち地権者8割の反対署名が集められて区長に提出されました。また、太子堂協議会も区長に要望書をだすなど強力に交渉をしたので、再度説明会を開くことになりました。

2回目の説明会には、沿道地権者の約7割40名が出席してY街づくり課長の拡幅計画の説明に激しく反対して収拾ができない状態になりました。

そこで、太子堂、三宿の両協議会が改めて1996年（平成8）7月、独自に呼びかけて沿道会議を開催したところ40名の住民が参加しました。会議の冒頭に、沿道住民の河合亮一さんが立ち上がって「みんな道路の拡幅に反対しているのを知っていながらなんでこんな会議を開くのだ。協議会は行政の手先か」と発言しました。住民の行政不信の矛先が協議会にも向けられたわけです。

沿道住民の不信を招いたのは、世田谷区が1994年（平成6）に提案した「地区計画」素案の建物の高さ制限に、商業地区の住民が反対すると、このY街づくり課長は協議会や他の住民の意見を聞かず、すぐに商業地区の建物の高さ制限だけを白紙撤回し、そのことを文書で商業地区の住民に回答しました。

協議会が主催した沿道会議

ところが、今回の〝三太通り〟の拡幅計画では、商業地区の反対には直ぐ応じた同じY課長が、今度は沿道住民が反対しているのに拡幅計画を強硬に押し付けてくるのは不公平だと考えたことが行政不信となったのです。この商業地区の反対経緯については、後述の5章－2「地域にしこりを残した道路事業」の項で詳しく説明します。

いずれにしても、協議会が主催した沿道会議では〝三太通り〟に4カ所のクランク部分があって消防自動車が通れないため日常的にも消防活動が困難なこと、また広域避難場所へ避難するのに道が狭くて危険なことなどの問題点を説明して、以後2年間にわたって話し合いを続けました。

沿道住民と世田谷区が合意した協定締結

協議会は、〝三太通り〟沿道会議の話し合いがあまり長引くと、区がふたたび強制力を持った道路事業を押し付けてくることを危惧して、行政との妥協案を沿道会議に提案して参加者の了承を得ました。

その内容は、①2項道路の解消、②消防自動車が通れないクランク部分の拡幅改善、③道路構造に住民意見を反映、④将来6m道路とすることの継続的協議、を骨子としています。この妥協案は、当日欠席した地区外の地権者にも郵送して全員の賛否を問い、反対がないのを確認してから1998年（平成10）8月に「共同宣言」と銘打った協定書の調印式を行ないました。

こうした時間のかかる修復型の街づくりは、霞が関や都のお役人たちには気に入らないようです。後日入手した1998年（平成10）9月付建設省住宅局市街地住宅整備室の「密集住宅地の整備の促進について」という文書には、「一部の地区においては、住民意向を尊重することを重要

三太通り沿道会議の「共同宣言」調印式

視するあまり、自然発生的な建替意向に合わせて建替助成や地区整備を実施することを基本方針としている場合があるが、これでは事業目的の達成は極めて長期間を要することになり、緊急性を要する課題に対する取り組みとは言い難い」と太子堂の修復型を真っ向から否定する考えを示しています。

さらに「そもそも国庫補助とは、事業が緊急・重点的に実施されるときに増加する地方公共団体負担の軽減を図ることにより、事業の一層の促進を図ることを趣旨とするものであるので、狭小道路の解消や建物の不燃化を地区の自然更新のペースに合わせて実現するのであれば、都市計画・建築規制や地方単独事業で十分であり、国庫補助を投入する必要性は低い」と助成金の打ち切りを匂わせて事業の促進を要請しています。

事実、この年に区が建設省と「密集住宅市街地整備促進事業」の延伸手続きの交渉をしたとき、建設省の担当官から〝修復型〟の表現をやめなければ延伸を認めないとまで言われたようです。

〝修復型〟をめぐる世田谷区と国、都との角逐はその後も続いていますが、行政は次に紹介する三太通り沿道会議で行なったアンケート調査の結果をどのように評価するか聞いてみたいものです（表1）。

アンケート調査は、太子堂1丁目にある昭和女子大学のSさんが卒論のテーマにしたいと〝三太通り〟の沿道会議を傍聴していて、「共同宣言」調印式に参加した住民31名にアンケートを行なったものです。

その集計結果をみると、まちづくりに対する知識や興味・関心が増えると同時にまちづくりへの参加意欲が高まり、知人が増えたとコミュニティの形成にも成果があったことが示されています。ただし、行政を信頼していないとしながら、全員が行政との話し合いが大切と答えている意味を考えてほしいと願っています。

なお、〝三太通り〟の沿道会議は、共同宣言を締結した後しばらく休会していましたが、後述の5章－4「生きていた行政の〝道橋政策〟」のように2004年（平成16）に再開し、紆余曲折を経ながら合意を前提とし

表1　三太通り沿道会議アンケート調査結果の概要

設問		はい	いいえ	無記入
(1)まちづくりに対する知識が増えた。		30人（100%）	0人（0%）	1人
(2)まちづくりに対する興味・関心が増した。		30人（100%）	0人（0%）	1人
(3)まちづくり協議会の役割を把握した。		27人（100%）	0人（0%）	4人
(4)まちづくりに積極的に参加したい。		26人（96%）	1人（4%）	4人
(5)沿道会議で新しい知人が増えた。		22人（81%）	5人（19%）	4人
(6)区に対する抵抗だけでなく話し合いは大切だと思う。		31人（100%）	0人（0%）	0人
(7)区が行う、まちづくり事業を信頼している。		11人（41%）	16人（59%）	4人
(8)どちらのまちづくりがいいですか？	日常生活優先	災害時を考慮	両方重要	無記入
	11人（41%）	10人（37%）	6人（22%）	4人

◦アンケート回答者数　31人
◦アンケート調査結果（上段は回答数、下段は構成比%、ただし無記入は除く）

た6m道路の実現に向けて、少しずつ拡幅整備が進められています。

また、沿道会議の冒頭で反対意見を述べた河合亮一さんは、沿道住民の代表として「共同宣言」に署名した後、太子堂協議会の運営委員として活動を続けてくれました。行政の施策、計画に反対した人でも、街づくりの話し合いを重ねることで理解を深め、河合さんのように〝まちづくり人〟になる人がいるので、批判をする人を抵抗勢力と決めつけて排除しない配慮が必要だと思います。

2 地域にしこりを残した道路事業

地域住民の生活条件が複雑多様化していますから、行政の事業計画をめぐって住民間の対立が生じるのは避けられませんが、その対応を誤ると地域に根深いしこりを残し、一つの事業目的を達成しても、結果的にはその後のまちづくりの障害となることがあります。

世田谷区の区長は、2003年（平成15）4月の選挙で大場啓二区長から熊本哲之区長に交代しました。熊本区長は、自民党の都議から出馬した人で、石原慎太郎東京都知事の路線継承を選挙公約として当選、区議会での就任挨拶で太子堂・三宿地区の狭隘道路の整備を重点施策とすることを表明しました。その背景には、木造住宅密集市街地の整備促進を促す政府や東京都の意向があったからだと思われます。

政府は、都市再生特別措置法を２００２年（平成14）に制定し、不燃領域率40％以下の木密地区を10年間で60％に高める目標を設定しました。東京都も太子堂２、３丁目地区と三宿１、２丁目地区の範囲を防災生活圏と位置づけて、２００３年には「防災都市づくり推進計画」の重点整備地区に指定するとともに、不燃領域率の目標を２０１５年度（平成27）までに60％、２０２５年度（平成37）までに70％とすることを決めました。さらに２０１１年には２０１５年の目標を65％に引き上げ、70％達成の目標を２０２０年度（平成32）と5年前倒しする改定を行ないました。

このような政府や東京都の新しい方針に先立って、世田谷区は5章－1で書いたように三宿協議会から１９９１年（平成３）1月に出された「三宿１丁目地区における地区計画の策定について」の要望を受けて、１９９４年（平成６）1月に法定「地区計画」の素案を提示しました。その内容は、太子堂で１９９０年（平成２）に施行した法定地区計画の規制基準とほとんど同じで、商業地区の建物の高さを25ｍに規制することなどを定めていました。

この世田谷区の案に対して、国道２４６号線沿道の商業地区（国道に面した20ｍ幅の路線商業地区）を中心にした住民グループが、１９９４年（平成６）10月世田谷区議会に「法定地区計画による建物の高さ25ｍに対する反対」の請願を行ない、同年12月には「商業地区振興連絡協議会」を設立して反対運動を始めました。

商業地区の反対理由は、請願書によると国道２４６号線の反対南側の「太子堂１丁目地区には35ｍ以上のビルが林立しております。これに比べて私達三宿１丁目地区は25ｍ規制云々と叫ばれてなかなかビルが建てられず、地権者は皆駐車場等に転用しており町の発展には淋しい限りです。又ごくわずかな近隣の人たちだけによる強硬な反対に建築をためらっている地権者も多くおります。町の発展又これにつながる世田谷区の発展のためにも残念なことです」と記しています。

実は、４年前の１９９０年（平成２）に太子堂と三宿両協議会連名で国道２４６号線の上を走る首都高速道路３号線の騒音対策として〝防音壁〟の設置を首都高速道路公団に要望したことがあります。この要望を受けて公団が防音壁設置を決めたところ、三宿の商業地区住民による「日照を奪う防音壁設置工事の中止を要望する会」から反対要望が出されたため、工事着手が見送られました。

そのとばっちりを受けて、太子堂地区側の防音壁設置も見送られていましたが、太子堂協議会は三宿協議会と商業地区住民との話し合いの結果を待つことにしました。

国道256号線の右側が太子堂1丁目、左側が2丁目

しかし、商業地区住民と公団との話し合いでは解決できず、また世田谷区の仲介も進展しないまま時間が経過していきました。

こうした経緯があったので、三宿協議会のメンバーからは三宿商業地区の人たちが防音壁では日照権を盾に反対しながら、今度は北側に隣接する住宅地の日照権を考慮せずにビルの高さ制限に反対するのは、いささか理不尽ではないかと考えたのも当然かもしれません。

いずれにしても、高さ制限に反対する商業地区住民の請願が区議会に出されると、〝三太通り〟の6m拡幅を提案したY街づくり課長は、すぐに地区計画素案にある商業地区の高さ制限だけを白紙に戻すと文書で商業地区住民に回答しました。このことを知った〝三太通り〟の沿道住民は、道路拡幅に反対する意見には耳をかさず、商業地区住民の高さ制限反対には直ぐ撤回したのは不公平だとの不満を募らせました。

もっとも、後に当時の世田谷区の担当者から聞いたところによると、三宿商業地区の地権者17軒を個別訪問して、25mの高さ制限があってもそれぞれの土地に見合う建物の設計いかんで容積率を満たすことができると具体的な案を示して説得したそうですが、大多数の地権者が絶対反対を主張するため、商業地区の高さ制限の規制を断念せざるをえなかったとのことでした。

Y街づくり課長が、地区計画素案から商業地区の高さ制限だけを簡単に撤回したのは、商業地区の人たちの政治的な働きかけがあったからだとの噂も流れて、住民の間に支持政党で色分けをした対立感情までも生じました。

おそらく、商業地区の人たちが区の説得に応じなかったのは、請願書にも書かれているように三宿協議会の強力な反対運動に対する感情的な軋轢もあったためと思います。また、後に建築確認申請の耐震強度構造計算を偽装したマンション業者ヒューザー㈱が、自社ビルを建てるために商業地区の人たちを扇動したらしいとの噂もささやかれています。

既述したように、〃三太通り〃の拡幅計画をめぐる沿道会議が「共同宣言」に辿りつくまで難航したのは、こうした住民間の感情的な相互不信と行政の不適切な対応が、地域にわだかまりと行政不信を根深いものにしてしまい、後述の5章－4のように三宿地区の住民を分裂させる遠因になったと言えます。

3 〃くらしのみち研究会〃の提案

太子堂3丁目には、2002年（平成14）3月まで国内唯一の国立小児病院がありました。この病院は、皇太子ご夫妻をはじめ英国のダイアナ妃も2回訪問するなど国賓として来日された王侯、大統領、首相の夫人たちが視察に来られる国際的にも有名な小児病専門の病院でした。ところが、政府は1987年（昭和62）に「行政改革大綱」を閣議決定、翌年には国立小児病院を同じ世田谷区内にある国立大蔵病院と統合する方針を決めました。

国立小児病院跡地利用の検討

このことを協議会が知ったのは、1997年（平成9）になってからです。同時に、近接する三宿2丁目の法務省研修所も移転することが判明しました。国立小児病院の敷地は3万3000㎡、研修所は8000㎡、これに接する東京都住宅供給公社の団地と太子堂中学校、多聞小学校を合わせると、当時東京都が広域避難場所指定の条件としていた10ha以上の面積になります。さっそく、協議会は小児病院跡地を防災拠点として確保することを世田谷区に要望しました。

当時、太子堂地区の広域避難場所は太子堂1丁目の昭和女子大一帯が指定されているのですが、高速道路のある国道246を越えなければならないため、阪神淡路の震災で高速道路が倒壊した事例から考えて、国道を越える避難は困難とみられていました。アンケート調査でも、震災時に昭和女子大に避難すると答えた住民が20％に対して小児病院へ避難すると答えた人が18％もいたのです。

ただし、協議会の要望だけでは力量不足と考え、世田谷総合支所管内の連合町会にもお願いして同趣旨の署名2万8300名を集めて区議会に請願しました。ところが、公明党の議員が継続審議を強く求めたため廃案になってしまいました。この会派が、なぜ廃案に持ちこんだのかは、議員に聞いてもいまだに不明のままです。

やむなく、石井紘基・衆議院議員（故人）の紹介で坂口力・厚生大臣に面談して太子堂の防災街づくりへの協力を要請しました。この会談で、厚生省がすでに小児病院跡地を都市住宅整備公団（現、都市再生機構：UR）に払い下げることを内定していることが判明しました。

旧国立小児病院正面

そこで協議会は、世田谷区とURに働きかけて町会など地域住民も参加した「跡地開発検討会議」を開催して跡地利用を検討する一方、アンケート調査を行なって住民意見の集約に努めました。

世田谷区は、こうした地域住民の意向を反映して跡地周辺地区の整備方針の検討を始めたので、改めて太子堂連合町会と太子堂、三宿両協議会の連名で区議会に再請願した結果、ようやく2001年（平成13）5月に区議会議長名で厚生労働大臣、東京都知事あてに「跡地利用の要望書」がだされました。

他方、世田谷区は2001年（平成13）12月、「跡地周辺まちづくり方針」を決定、正式に広域避難場所の実現を目

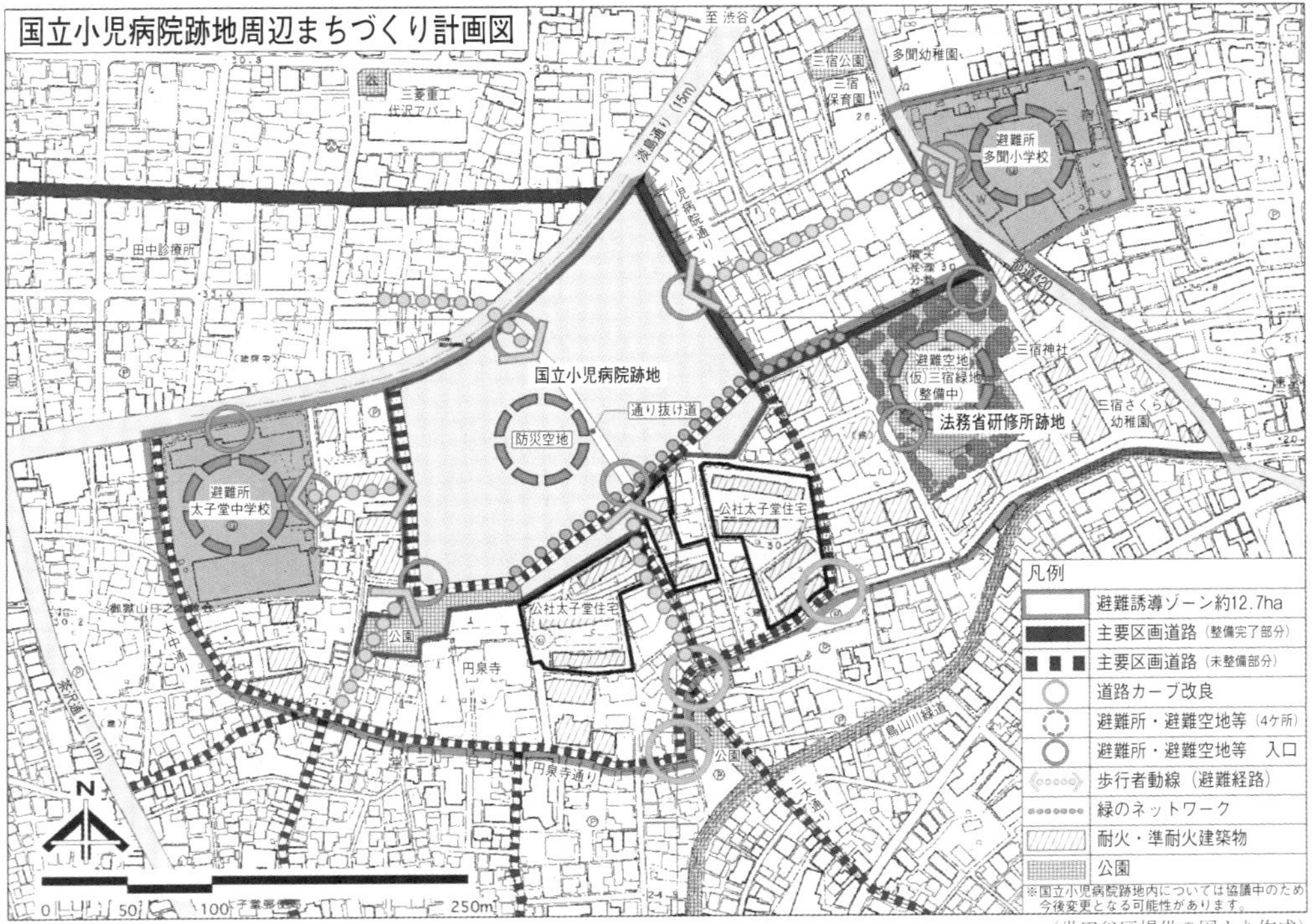

（世田谷区提供の図より作成）

指したのですが、厚生省は、世田谷区や区議会からの要望にもかかわらず、2002年（平成14）3月にURと国立小児病院跡地の譲渡契約を結び、土地を整地して民間企業に譲渡することになりました。

しかし、URが建物の除却工事を始めたところ水銀土壌汚染、残存医療廃棄物などが発見されたため民間事業者への正式譲渡は大幅に遅れました。

この間、協議会は「跡地周辺まちづくり意見交換会」を開催し、さらに区と共催の「汚染調査結果報告会」を開いて厚生省に除染対策を近隣住民に説明させました。ついで、協議会、区、UR、町会で構成する「跡地開発検討会議」（通称：四者会議）を開いて、広域避難場所の確保や建物の高さ制限、またURが跡地を民間に譲渡する公募条件までも討議し、避難場所として3500㎡の確保、建物の最高高さ35m制限などをURに認めてもらいました。

世田谷区は、こうした討議を反映して2003年（平成15）3月、「跡地周辺まちづくり計画」を策定して広域避難場所実現の具体的整備内容を決定しました。小児病院跡地の汚染処理のため、URが住友不動産と東京建物に正式に譲渡したのは、2006年（平成18）になってからです。

四者会議には、住友不動産と東京建物両社のほか後から跡地に隣接する団地の建て替えを決めた東京都住宅供給公社、さらに建設事業者にも参加してもらい、緑化計画、駐車台数、敷地内道路から景観問題まで幅広い検討を行ない、合意した事項を基に2007年（平成19）3月に世田谷

病院跡地の汚染土壌を除去した後

避難場所になったマンション中庭の入口

区と事業者との間で協議書を締結しました。

この討議の過程で、協議会が跡地の敷地のなかに避難道路として東西方向と南北方向にそれぞれ６ｍ道路の新設を要望したのを受けて、ＵＲは南北方向を中央の敷地内道路として設置、東西方向は外周道路として建設し、完成した後世田谷区に寄付をすることにしました。

ところが、区議会が承認した外周道路計画は、幅員が６ｍと８ｍの双方向の道路設計になっていることが判りました。跡地に建設するマンション計画によると、住友不動産が３１７戸、駐車台数２６５台、東京建物が２８０戸、２８５台を計画しています。完成すれば合計５９７戸、約１２００人の人口急増と５２３台の自動車の周辺環境へ及ぼす影響は大きい。しかも、新設道路ができると跡地のマンション住民による自動車交通量だけでなく、渋滞する都道の淡島通りから道路の狭い太子堂・三宿地区に入る通過交通も増大することが予想されます。

国交省に「くらしのみち」指定を申請

そこで協議会は、たまたま国土交通省が2002年（平成14）に公募していた「くらしのみちゾーン」の指定を受けて道路対策を検討することにしました。この制度は、国交省が新道路5カ年計画を機に、従来の車優先の道路政策から「人優先のみちづくり」をテーマに立ち上げたものです。

さっそく、協議会は跡地周辺の住民グループと共同で「くらしのみちゾーン」の指定申請をしたところ、2003年（平成15）7月に世田谷区内では太子堂と瀬田の2地区が全国42地区のなかに選ばれました。

指定を受けると、協議会は世田谷区の職員、都市計画の専門家、住民の3者で構成する「くらしのみち研究会」を発足させ、そのまとめ役を国士舘大学の寺内義典専任講師（現在、教授）にお願いしました。活動資金には、ハウジング&コミュニティ財団の助成を受けることができましたので、地元小中高校の協力も得て〝ひやりマップ〟を作成したり、品川区旗の台などのコミュニティ道路づくり先進地区を見学、また埼玉大学の久保田尚教授らを招いた勉強会を重ねて新設する外周道路の提案をまとめました。

さらに太子堂協議会は、「新設道路懇談会」を開催して太子堂、三宿地区の住民に研究会でまとめた提案説明を行なって同意を得ました。そのうえで警視庁、消防署との交渉には世田谷区とURにも参加してもらって了承をとりつけ、2005年（平成17）2月に道路計画の変更を世田谷区に正式提案しました。

完成した跡地の外周道路

こうして、跡地の外周道路は6mと8mの双方向の計画を、車道は5m幅に狭めて一方通行の道路計画に変更したうえ、自動車のスピードを抑制するハンプやボラードを設けた道路を実現させることができました。
このように、提案づくりに慎重を期して住民の合意形成に努めたのは、これまで道路拡幅計画をめぐって住民同士の対立、行政と住民との対立をいろいろ経験してきたからです。しかも、世田谷警察署の交通課長との話し合いで教えられた〝交通既得権〟にも考慮しました。ただし、この交渉を成立させるために、協議会は膨大な労力と時間を要したことを付け加えておきます。

4　生きていた行政の「道橋政策」

住民参加のまちづくりも、政治、経済など時代の変化に影響されて行政と住民の信頼が揺らぎ、合意と協働のまちづくり精神が崩れることがあります。

〝三太通り〟の拡幅計画は、5章-1で既述したように1998年（平成10）8月に「共同宣言」を締結したものの、三宿地区の地区計画策定は商業地区住民の反対にあって先送りされていたため、三宿協議会は2002年（平成14）に改めて世田谷区に地区計画の策定を要望しました。区は、これを受けて翌03年4月に新しい地区計画の素案を提示しました。

この新しい地区計画素案には、商業地区住民の反対意向を受けて高さ制限をはずしましたが、三宿協議会はその後の話し合いで屋上広告塔の規制を一部修正した地区計画原案を承認、難航した「三宿1丁目地区計画」はようやく2003（平成15）年11月に施行されました。最初の素案から実に10年近くもかかってようやく実現したわけです。

ところが、三宿地区の地区計画が先行して施行されると、〝三太通り〟の太子堂地区側は3mのセットバックを法的には強制されないのに、反対側の三宿の住民は3mのセットバックが強制されるという不公平な事態を招くことになりました。

時間経過が住民意識に変化

三宿の協議会は設立当初、マクドナルド屋上広告塔事件、東映ビル建築計画など太子堂地区と共通する街づくりの課題については、太子堂協議会に相談するなど連携を図って活動してきました。しかし、1988年（昭和63）12月に三宿1丁目地区まちづくり協議会を発足させて10年も経験を積むと、しだいに太子堂協議会と相談せず独自にいろいろ決めるケースが増えてきました。いわば協議会として自立化したわけです。

今回の三宿の地区計画原案承認も、三宿協議会が太子堂協議会と協議せずに単独の判断で決めたものでした。同じ道路なのに三宿側だけ強制される地区計画の不公平に気づいた〝三太通り〟の沿道住民は、6m道路の拡幅は強制しない前提で締結した「共同宣言」の趣旨に反すると太子堂の協議会に知らせてきました。そこで、6年あまり休会していた〝三太通り〟沿道会議を2004年（平成16）6月に再開、新任のI街づくり課長と話し合いを始めました。

このI課長も、〝三太通り〟の拡幅整備に積極的な姿勢を示したため、またまた沿道住民の反発を招きました。しかし、「共同宣言」から約6年という時間経過は沿道住民の意識に変化をもたらしました。三宿協議会が3mのセットバックを含む地区計画を承認した既成事実、また遺産相続など個人的な家庭事情が生じた人など、これまでのように単純に反対しないで、セットバックした場合の助成条件に関心を示す人が出てきたためです。

こうした状況を見て、世田谷区は沿道住民に対する個別ヒヤリング調査を始めました。この結果、２００６年（平成18）１月の第5回沿道会議で６ｍ道路への拡幅は8割以上の理解が得られたと報告されました。

この8割の住民が理解したという比率には疑問がありますが、それ以後は沿道会議に出席する大多数の住民の関心が、新防火指定や延焼遮断帯形成事業の適用にともなう用地補償などの条件に関心が移りました。

また、同年12月から街づくり課主催の「三太通り・デザインワークショップ」が7回開かれて、車道は４ｍ、歩道は２ｍとし、自動車のスピード抑制のためにハンプを設けることなどを決めました。

いわば６ｍ道路拡幅計画に対する条件交渉のような空気が強まると、世田谷区はさらに道路法に基づく強制力のある「道路事業」の導入を提案してきました。建て替えの時にセットバックする修復型で合意してきた沿道住民にとっては、「道路事業」の導入は行政のだまし討ちにあったと受け取る人もいましたが、沿道会議で強く反対する意見は出なくなりました。

このため、世田谷区はすべての住民が賛成していないのに「大方（8割以上）の概ねの理解が得られたものと判断できる」として、２００８年（平成20）７月に〝三太通り〟の「道路事業」を決定しました。

世田谷区のこうした事業の進め方に不信感を覚えたので、私が調べてみると次のような方針が出されていたことが判りました。

建設省は、1998年（平成10）に「防災街区整備地区計画の積極的活用について」の文書のなかで、「一部の地方公共団体において地区計画の策定は住民等の全員合意が必要としている場合があるが、これは都市計画として不適切な運用姿勢であり、大方の理解があれば一部に未同意者がいたとしても積極的に決定手続きに入るべきである」と指示しています。

世田谷区は、政府の方針を受けて2008年（平成20）7月に〝三太通り〟を「これまでの建替えにあわせて部分的に整備する方法から、事業区間と期間を定めて、重点的、集中的に行なう道路事業の取り組みに方針転換を図ることをモデル的に実施して検証を行なう路線として決定」していたことが判りました。世田谷区は、この方針転換を地域住民には知らせず、いわばなし崩し的に沿道会議を進めてきたわけです。

このような区の道路事業計画の強硬な進め方は、100年以上前の東京府知事・芳川顕正が1889年（明治22）「東京市区改正意見書」に「道路橋梁ハ本ナリ、水道家屋下水ハ末ナリ」「故ニ先ズ其根本タル道路、橋梁及河川設計ヲ定ムル時、他ハ自然容易に定ムルコトヲ得ベキ者トス」と書いた思想がまだ生きているのかもしれません。あるいは「仏に方便　聖人に権道《けんどう》」の諺のように、正しい目的のためには方便を使っても許されると考えているのでしょうか。

世田谷区は、道路事業を決定すると都市再生機構URと協定を結び、また住友グループとも協定し、民間活力の協力を得ながら個別交渉を進めています。区は建て替えの個別交渉が成立すると、道路デザインワークショップで歩道を設置するなどの約束を無視して、車道を6m以上に広げたままの整備工事を始めました。

三太通りからの通学路（拡幅前）

拡幅された後の通学路

協議会から約束違反ではないかと抗議すると、仮整備だと弁解して既成事実を押し通そうとします。おそらく、〝三太通り〟の整備事業で2014年度中にはクランク状の道が解消されて消防自動車がスムーズに通れるようになり、日常的な防災性能は著しく向上することになると思います。

しかし、拡幅したままの道路では、ハンプなどの安全対策を考えたデザインワークショップを実施した意味は失わ

拡幅整備したままの道路

れます。また、沿道住民の不信感は行政に向けられただけでなく、協議会の提案で「共同宣言」など結んだから道路事業が導入されたと、非難の矛先を協議会にも向ける人まで出てきました。

分裂した三宿地区の協議会

三宿協議会は、地区計画をめぐる商業地区との対立や協議会運営に対する内部の不満などが重なり、２０１１年（平成23）12月に分裂して新たに「街づくり三宿１丁目の会」が結成されました。

この結果、世田谷区は三宿１丁目地区の街づくり対象団体として「三宿１丁目地区まちづくり協議会」「商業地区振興連絡協議会」それに「街づくり三宿１丁目の会」と鼎立するまちづくり３団体と協議しなければならなくなり、その後の三宿地区のまちづくりに支障をきたすようになっています。太子堂協議会も、三宿住民の対立が感情的にもなっているため、両地区に関連する話し合いの場をどのように設定したらよいか戸惑っています。

街づくりには対立が避けられません。東日本大震災の被災地における高台移転の復興計画をめぐる対立を見ても、いま私たちはまちづくりに〃合意〃がなぜ必要なのか、そのあり方が問われているように思います。

合意を尊重する街づくりは、効率が悪いという負の側面があるのは事実です。しかし、参加のまちづくりの検証には、一面的なネガティブ評価だけでなく、ポジティブ評価も必要なのではないでしょうか。

関東大震災の後、帝都復興院総裁として都市改造計画に取り組んだ後藤新平が「道路が広くなり、生活がよくなったら、それでよいかといえば決してそうではない。市民の諒解、市民の協力がなくてはなりません。個人の自治的精神が国家や法律の及ばないところを助けるのです」と言っています。

いま、新しい時代に即応したまちづくりを探求するため、私は既述してきた太子堂の事例と後藤新平の言葉を題材にして、行政の人たちと私たち住民が一緒に〃合意の街づくり〃と〃住民自治の確立〃のあり方を正負両面から検証したいと願っています。

5 赤いネオン広告塔の騒色公害

太子堂のまちづくりでは、「赤いネオン広告塔」を騒色公害として、その撤去にも取り組みました。この広告塔は、大手ファーストフードのマクドナルドが首都高速道路向けの宣伝のために、国道沿いの12階建てマンション屋上に設置しようとしたものです。

広告塔を建てる12階建てのマンションは、1977年（昭和52）の建築基準法改正で日影規制が施行される直前に建築確認を申請して79年に完成したいわゆる駆け込み分譲マンションでした。

管理費軽減策の広告塔設置

この建物の北側には、世田谷区のマンション建築指導要綱で義務づけられて造った公開空地（小公園）がありましたが、管理組合は管理負担を減らすため公園を世田谷区に寄付したので、その後は容積率不足の不適格建築物となっていました。

ところがマンション管理組合は、さらに居住者の管理費、修繕積立金負担をなくすため、1985年（昭和60）にマクドナルドの企業カラーである赤い色を基調とした巨大な点滅式ネオン広告塔（高さ12・5m、横15m、奥行き5m）を屋上に設置しようとしたのです。

このことを知った近隣住民は、12階建てマンションが完成したため日影被害を受けているのに、その屋上に5階建て相当の巨大な広告塔が建てられたのでは我慢ができないと1985年（昭和60）10月、東京地方裁判所に工事差し止めの仮処分申請をしました。しかし、「裁判長から現行法規では工事を禁止することができないから、住民運動で交渉したらとの示唆を受けた」と言って裁判所に訴えた債権者の中の5人の方が近隣住民を代表して私のところに相談にきました。話を聞いて、私が屋外広告物関係の法規を調べたところ、広告塔は工作物のため日影規制の対象になっていないことが判りましたが、建物の日影であろうと工作物の日影であろうと日影に違いがないのに規制できないのは理不尽な気がしました。しかも、不適格建築物のマンションの上に、工作物とはいえ5階建て相当の巨大広告塔が屋上屋を重ねて近隣住民の日照権を奪うことは私も納得できません。

そこで、債権者の集まりに参加して「赤いネオンの広告塔は法規制の対象になっていないので、たんに日影が増えるからいやだと言うだけでは住民エゴだと片づけられてしまいます。私は、法律は時代の変化の後追いでつくられるものだと思っています。まず、いやだと思うこと、疑問に思うことを声にだし、それが地域住民の一致した意見として運動化し、さらにその要求が広く社会的に支持されるようにすることが、広告塔を阻止できる道だと思います」と発言しました。

参加していた人たちが、すっかりやる気を出し、手分けして広告塔に関する事例を調べてき

マンション屋上のマクドナルドの広告塔

ました。赤いネオンの点滅で、イライラして不眠になった人がいるなどの事例が話題になり、みんな住宅地におけるネオンの影響に関心を持つようになりました。なかには、横浜市が都市デザインの規制をしていると聞いてわざわざ横浜市役所を訪ね、担当課の職員からパリ市では赤い色が規制されているため、日本航空の看板の鶴のマークに赤色が使えなかった話を聞いてきました。

また、1981年（昭和56）に都バスの車体の色を「黄・赤」に変えたのを見て、公共の色彩としてふさわしくないと声を上げた「公共の色彩を考える会」があることを知り、その常任委員をしている㈶日本色彩研究所の児玉晃常務理事を訪ねた住民もいました。

児玉さんは、色彩問題を環境問題として取り上げた新しい住民運動に関心を持ち、朝日新聞社会部の鈴木則夫記者と一緒に現場を取材に来てくれました。

公共的色彩として問われた赤いネオン

当時、屋外広告物は高さや面積の規制基準がありましたが、色彩について規制している自治体は、歴史的な景観を保全するため京都や横浜などが一部の地域を対象に規制しているほか、東京では西新宿の高層ビルの屋上広告塔規制を行なっている程度にとどまっていました。

朝日新聞は、1985年（昭和60）11月10日の社会面トップに「〝騒色公害〟赤いネオンに住民〝待った〟」の大見出しの記事を掲載しました。その記事のリードには次のように書かれていました。

「東京都世田谷区のマンションの屋上に建設中の巨大なネオン広告塔に、付近の住民たちが〝赤いネオンの点滅は疲労感やイライラ、不眠をひきおこし、住環境を破壊する〟と反発、工事続行禁止の仮処分を求める訴訟にまで発展した。〝行政手続きはすんでいる〟と強い姿勢だった広告主の大手ファーストフード会社も、消費者が相手とあって困惑顔。屋外広告物の場合、こと色彩に関しては現在ほぼ無規制状態で、今回のような住民運動は珍しい。最近では〝騒色公害〟という語も生まれているだけに、〝色〟と〝環境〟とのかかわり方について一石を投じたと言えそうだ」。

この朝日新聞記事を契機としてマスコミの取材が殺到しました。その後、太子堂で一石を投じた騒色公害問題は、群馬県高崎市のカメラ安売り店の蛍光塗料の〝オレンジ色〟外壁、東京都大田区羽田1丁目の写真フイルム現像所ビルの〝黄色〟の外壁が騒色公害として反対されるなど全国に波紋が広がりました。

朝日新聞

騒色公害

赤いネオンに住民「待った」

世田谷

「点滅でイライラ」

「騒色公害」に住民が反対運動

騒色公害を報じた朝日新聞

マスコミの報道や公共の色彩に関する社会的な関心の高まりは、太子堂での私たちの運動に自信と活力を与えてくれました。広告主との交渉にも力が入り、１９８６年（昭和61）３月、広告主との間で赤色を使わない、４面のうち２面はスポットライトの照明方式にするなど８項目の合意書を締結しました。

まちの色彩には評価に個人差があり、表現の自由の問題もあります。しかし、建物や広告物の色彩が周辺環境に影響を及ぼす以上、景観問題としての色彩は、まちづくりの課題として検討されるべきだと考えるようになりました。

「公共の色彩」について、日本色彩研究所の児玉常務理事は「個人の住宅であっても、それが景観の構成要素である以上公共的存在なのである。〃自分の家の色など自分で好き勝手に決めればよい〃とはいえない時代が日本にもやっと来た。われわれが掲げている〃公共の色彩〃とは、公的私的の区別なく、公衆の目に触れる、主として外部環境の色彩を公共の色彩と称しています」（『月刊観光』88・２）と書いています。

また、赤いネオンの広告塔が社会問題になると、大手の広告物業界団体の㈳全日本ネオン協会は、照明学会にネオンの光の見え方に関する調査を委託しました。

１９９０年（平成２）に出された調査報告書によると「ネオンの光は広告媒体として、また街のランドマークとして人々に必要な情報を提供するとともに、その色鮮やかな色彩によって、街に活気を与え美しい夜景を現出する重要な役割を果たしている。反面、ネオン広告塔が、住宅街やその近隣に設置された場合、その目立つという特徴が住民に心理的な負荷を与えることがある」と指摘、とくに赤色のネオンが点滅すると評価性（快適性）が低くなると報告しています。

太子堂の協議会は、マクドナルドの広告塔の交渉と並行して世田谷区と法定地区計画の討議を急ぎ、1990年（平成2）12月に全国で始めて広告塔のネオン規制を織り込んだ法定地区計画を施行しました。その内容は「屋上広告塔又は看板等の工作物のうち、ネオン灯等を設置する場合で、周辺住環境に悪影響を及ぼすものは設置できません」と規定し、区の具体的な指導基準として「ネオン灯は設置せずに、かつ広告塔の設置によって新たな日影が生じないよう指導する」ことを決めてくれました。

この法定地区計画の施行にともない、世田谷区は「屋外広告物指導要綱」で近隣住民への計画説明を義務づけるとともに、1991年（平成3）10月にはまちづくり協議会と事前協議することを広告業界3団体に文書で要請してくれました。

広告塔が撤去された後のマンション

これに力を得た近隣住民は、赤いネオン広告塔の広告主と交渉を再開して1992年（平成4）に協定を再締結し、ようやく1995年（平成7）9月広告塔自体を完全撤去することができました。

この時期は色彩に限らず、全国的に景観問題への関心が高まり、後述のように1993年（平成5）に神奈川県真鶴町が美の基準を定めた「まちづくり条例」を、1999年（平成11）には世田谷区が「風景づくり条例」をそれぞれ制定しました。

国が「景観法」を制定したのは2004年（平成16）になってからで、景観計画を定めた区域では、建物や工作物の形態、色彩などが周囲とあわなければ設計変更を勧告できる制度が織り込まれました。

6章◇鳥の眼と虫の眼のまちづくり

新しく広域避難場所に指定された法務省研修所跡地の公園

1 美しいまちづくりの評価

中国宋時代の蘇東坡（蘇軾）の詩に『廬山』という次の作品があります。

「横に看れば嶺《れい》を成し　側《そく》には峰《ほう》を成す　遠近、高低、一《いっ》も同じきはなし　廬山の真面目《しんめんもく》を識らざるは　只《た》だ身の山中に在るに縁《よ》る」

廬山という山は、白楽天の詩に詠われた「香炉峰の雪は簾をかかげてみる」の名峰であり、日本では清少納言の『枕草子』にも書かれている有名な景勝地で世界遺産にもなっています。山容は変わらなくても、季節や天候によって山の景色は変化します。単独峰の富士山を描いた葛飾北斎、横山大観、片岡球子の絵を比べてみると山容まで三者三様、まったく違った姿になっているのは、心象風景の違いを表しているのでしょうか。

一方、古代から霊峰として崇められ、世界遺産に登録された富士山も、作家太宰治のように「決して、秀抜の、すらと高い山ではない」「ニッポンのフジヤマを、あらかじめ憧れてゐるからこそ、ワンダフルなのであって、さうではなくて、そのやうな俗な宣伝を、一さい知らず、素朴な、純枠の、うつろな心に、果たして、どれだけ訴え得るか」と評して、東京から見た小さな富士を「なんのことはない、クリスマスの飾り菓子である」（『富嶽百景』）と扱《こ》きおろす人もいます。

私は廬山を眺めたことがありませんが、『廬山』の詩をまちづくりに置き換えて「まちの景観」とか「まちの真面目《しんめんもく》」について考えてみました。まちづくりに参加する住民の暮らしや世代、歴史認識、価値観などによって、まちの現状認識に違いがあり、多様な心象風景が描かれるからです。

山の景観と同じように、まちは常に政治、経済、社会構造の変化にともなってその姿を変えていきます。「日本の美しい海と領土は必ず守り抜いていく」と力説しながら、一方で経済成長政策を優先し、自然環境を破壊するような開発計画を進める政治家がいます。美しい日本、美しいまちの景観とはどのような基準で判断し、守ったらよいのでしょうか。

まちづくりの会議に出ると、よく「パリの街並みは美しい」としたり顔で発言する住民がいます。たしかに、道路が整備され、建物の軒並みが揃ったパリの景観は、誰が眺めても美しく感じると思います。しかし、私などは19世紀のパリ大改造計画の歴史を知ってからは、率直に賞賛できなくなりました。

モンパルナスタワーから眺めた夕暮れのパリ市内

周知のように、パリの大改造計画はクーデターで政権を奪ったナポレオン3世の下で、セーヌ県知事オスマン男爵が計画を推進したものです。この大規模な都市計画について、作家大仏次郎は『パリ燃ゆ』のなかで次のように書いています。

「ナポレオン3世の統治下に入ってから、成り上がりの人物の虚栄と派手好みの、人気を取りたい性格から人がかりにパリの街のお化粧が始まった。伯父の大ナポレオンのように戦勝や征服で国民を煽り立てるわけにはいかなかったから、フランスを文化国に仕立て、皇帝万歳を言わせたかったのである。

たしかに、パリは1830年や48年の革命家が見た暗い道幅の狭い都とは似つかぬものに変貌した。古い街路は事ある毎に市民が敷石をはがしてバリケエド（防塞）を築き、市街戦をするのに狭くて都合よかった。この古い建物が容赦なく鶴嘴の下に崩され取払われて、道路は到るところ広くなり、周囲を囲み、市中を貫く大道路ブールヴァールが出現した。セーヌ県の知事オスマンが設計した新しい都市計画で、軍隊、警察の動員や大規模な移動にも便利であった。パリ市内に民衆の暴動が起きるのを容易に鎮圧出来るのである」。

ナポレオン3世やオスマン知事の都市計画の意図が、大仏次郎が書いているようなものだったかどうかは私には分かりません。市民の反対を押し切る強引な都市整備のやり方には批判がありますが、街路や公園、上下水道の整備、建物を規制してパリを衛生的な美しい近代都市に再生させたのは事実です。

しかし、「結果良ければすべて良し」と言えるのでしょうか。フランスの画家ドーミエが、鶴嘴で崩された家の前に立つ男を描いたパリ大改造計画の風刺画を見たことがあります。そこには「たしかここが俺の家のはずだが——。女房まで見えなくなってしまった……」というキャプションが書かれていました（ル・シャリヴァリ紙、1852年）。

ドーミエの風刺画

おそらく大改造計画の陰で、苦しみ泣いたパリ市民も多かったと思います。シテ島や市役所周辺の貧民街は北東部地区に追い出され、地上の墓地の人骨はパリ市14区にあるかつての石切り場の地下空洞に積み上げられて、いまでは誰の骨か判別できなくなっています。この石切り場跡は、「カタコンブ・ド・パリ」として観光名所になっていますが、現在の日本でこうした強引な都市整備は実行不可能でしょう。

同じパリ市内でも、フランス革命発祥の地バスティーユの近くには大改造計画から取り残された場所があります。パリの旧城壁が残っている場所を見るため、マレ地区の狭い路地裏を歩いたとき、懐かしさと安らぎを感じたのは、私が東京下町の深川で生まれ、世田谷の下町太子堂で育ったからかもしれません。美しいまちづくりも見方によって評価は変わるのではないでしょうか。

パリ市マレ地区の狭い道

2 庶民のまち太子堂の「真面目《しんめんもく》」

まちづくりの場では、〝住みやすい安全、安心のまちづくり〟と言葉では一致しても、具体的な計画づくりになると価値観、利害の対立が避けられません。太子堂で生まれ育ち、太子堂で働いている人と地方から来た学生や転勤者では、まちの「風景」の感じ方も、現状認識も将来像も当然違いがあるからです。

『廬山』を眺めたことがないので、蘇軾の詩にある「真面目《しんめんもく》」がどのようなものかはわかりませんが、太子堂の「真面目《しんめんもく》」について少し考えてみました。

「真面目」は、〝マジメ〟と〝シンメンモク〟の二つの読み方があります。〝シンメンモク〟は、『広辞苑』（岩波書店）によれば「本来そのままのありさま。本来のすがた」と書かれています。〝アイデンティティ〟と言い換えてもよいのではないでしょうか。

私自身、太子堂に長く住んでいながら、太子堂の真面目《しんめんもく》、言い換えれば「太子堂らしさ」は何かなど考えたことはありませんでした。しかし、マンション紛争事件に係わり、防災まちづくりに参加して大勢の地元住民との付き合いを深めていくことによって、太子堂のまちは理屈抜きに庶民のまちだと肌で感じるようになりました。

既述したように、1982年（昭和57）防災まちづくりをテーマに太子堂の協議会を発足させたとき、初年度はいろいろな専門家を招いて勉強会を開きました。その講師の一人として招いた世田谷消防署長から、「太子堂は火災発生率が低いのですが、どうしたらそのような街になるのか教えてほしい」と聞かれて戸惑いました。もちろん、私たちの立場を配慮した社交辞令だし、そのあと「消防署はどのような街の火災でも、必ず消火いたします」と建て前の発言も付け加えていました。

太子堂のような木造家屋が密集したまちでは、いったん火災が発生すると延焼被害が広がっても不思議ではありません。太子堂の火災発生率について調べたことはありませんが、これまでボヤ程度の火災があっても大きく燃え広がることがなかったのは、まちの人たちが火の用心に努め、初期消火を心掛けてきたからです。

太子堂のまちで、こんな光景を目撃したことがあります。小さな店が連なる太子堂の〝下の谷商店街〟を通りかかったとき、消防自動車のサイレンが近づいてくるのが聞こえました。見ると50ｍほど離れた住宅の屋上から煙が出ています。それに気づいた魚屋のお兄さんが、お客を放り出して消火器をかかえ飛び出していきました。しかも走りながら、「みんな消火器をもってきてくれ」と叫びながら火災現場に駆け付けたのです。その声を聞いた2、3人の人が家に駆け込み消火器を抱えて現場に走り出しました。

太子堂は、繰り返し書いてきたように道路が狭く、曲がりくねっています。消防自動車のサイレンが聞こえていても姿をなかなか見せません。消防自動車が現場に到着したときには、すでに近所の人たちの力で消火されていました。火災の原因は、住宅屋上にある温室の漏電によるものだったと聞きました。

こんなこともありました。夕暮れ時に烏山川緑道の近くを歩いていたら、消防自動車から2人の隊員が魚とりの網を担いで降りてきました。「何があったんですか」と声をかけたところ「カモの救出にいきます」と答えて烏山川緑道の池に向かいます。野次馬根性の私が付いていくと池にはカモなどいません。

池端で待っていた近所の人たちは「泳いでいた6羽のカモのうち5羽が一緒に飛び立ったのに1羽だけ残ってしまった。けがをしているのか病気なのか分からないが、夜になって猫などに襲われるとかわいそうなので電話したが、電話した後で飛んでいってしまった」と申し訳なさそうに釈明していました。

消防自動車をカモの救出に出動させることには批判があるかもしれません。しかし、こうした人びとのホッコリと心に響く光景が見られるまち、それが庶民のまち太子堂の「真面目《しんめんもく》」であり、まちづくりの大切な無形資産として私は守りつづけたいと思っています。

カモがいた烏山川緑道のひょうたん池

3　まちの景観、風景、生活景

まちにはまちの歴史があり、時代を映す暮らしの風情があり、そのまちのアイデンティティがあります。お屋敷町のように、道路が碁盤の目のように整備され、緑の生け垣が続く静かな街並みを「美の基準」とするなら、太子堂のまちはお世辞にも美しいまちとは言えません。
しかし、路地裏の家の前に並べた植木鉢に水やりをする人、道端で立ち話をする人たち、家の中から子どもの騒ぐ声が聞こえ、夕餉の支度のにおいが漂う庶民のまち太子堂の風景は、お屋敷町では感じられない〝ぬくもり〟のある風景として、私はこれを守りたいと考えて活動してきました。
神奈川県真鶴町が、1993年（平成5）に美の基準を定めた「まちづくり条例」を制定しました。その経緯を書いた『いきづく町をつくる　美の条例　真鶴町・1万人の選択』（学芸出版社）のなかで〝美〟について次のように書いています。

「真鶴町では、〝美〟は、〝歴史的環境、自然環境〟および〝生活環境〟のすべてを含む。〝美〟とは、それらの環境の中で〝時を超えて〟つくられてきた〝質〟、特に後世代に引き継ぐべき〝質〟をいう」。

世田谷区でも、1999年（平成11）に「風景づくり条例」を制定しました。区は条例制定にあたって、「風景とは、人々の営みが映し出されたものであり、そこでの営みの主体となる市民が理解し共有することのできる一つの姿です」と説明し、条文の第2条では、「風景づくり」について「地域の個性あふれる世田谷らしい風景を守り、育て、又はつくることをいう」と定義しています。

さらに、早稲田大学大学院の後藤春彦教授は、新しく「生活景」という考え方を次のように提唱されています。

「〝生活景〟とは、生活の営みが色濃く滲みでた景観である。すなわち、特筆されるような権力者、専門家、知識人ではなく、無名の生活者、職人や工匠たちの社会的な営為によって醸成された自生的なながめである。ここで用いる生活環境とは広義に捉えるべきもので、寝食空間にとどまることなく、生産・生業・信仰・祭事・遊興・娯楽のための空間を含むものとする。言い換えるならば、〝生活景〟は、地域風土や伝統に依拠した生活体験に基づいてヒューマナイズされたながめの総体である」（日本建築学会編『生活景　身近な景観価値の発見とまちづくり』）。

こうした「風景」のとらえ方は、「暮らしがあるからまちなのだ」と考えて太子堂のまちづくり活動に取り組んできた私にとって、自信と同時に、まちづくりのあり方に新しい視点を与えてくれました。

まちづくりの討議に多様な意見が出るということは、合意形成に時間がかかり、対話を続けるのに精神的な負担もあります。誰でも自分の意見が認められず、反対されたり否定されたりすると腹が立ちますが、私は異なる意見が出ることは、自分とは違う視点からまちを見ているからであり、総体として暮らしのあるまちをタテとヨコ、そして上からもまちを眺めた結果と考えるようになりました。

と言いながら、私などは会議の場でしばしば腹を立て声を荒立てていますが、まちづくり協議会は観察力、洞察力と忍耐力を養う場であり、人間力の修養道場と考えるように努力しています。

4　対話による新しい価値観の創造

庶民のまちのまちづくりは、庶民的なやり方を考えていかなければ活動が長続きしません。太子堂のまちでは、理屈の多い人、カタカナ用語などを多用する人、あるいは激しく相手を批判する人は嫌われます。これも下町の人たちの特徴です。

参加のまちづくりは、住民と行政が対等な立場で話し合うことが必要だと私は考えています。しかし、行政から道路の拡幅や建物の規制の説明を聞いても、専門知識の乏しい住民には意見が言えない人が多いのです。

また、太子堂に住み続けていきたいと考えている人にとっては、防災以外の防犯、福祉、教育、医療など暮らし全般に関わるいろいろな課題があるため、防災だけを命題として、むずかしい専門用語を使い、上からの目線で行政計画を押し付けようとしても容易に納得しないし、私などはつい反発してしまいます。

あるとき、私が協議会の席上で激しく行政批判をした帰り道に、町会役員の方から「〝和をもって尊しとなす〟でいきましょう」と忠告されました。既述したように、太子堂の地名は、地元の円泉寺にある聖徳太子を祀ったお堂に由来しているだけに、有名な「17条憲法」の第1条が引用されたのです。

円泉寺の境内にある聖徳太子を祀った太子堂
(1980年ころ)

せっかく忠告してくれたのだから素直に受ければよいものを、私は日ごろから対立を避けて安易に妥協していると後に禍根を残すと考えていたので、つい「第1条の和は大切ですが、17条憲法の第10条もお読みになりましたか」と余計なことを口にしてしまい、後で反省しています。

ちなみに、第10条には「人皆心あり、心おのおの執るところあり、彼れ是なるときは　すなわち我れ非なり、我れ必ずしも聖にあらず。彼れ必ずしも愚にあらず。ともにこれ凡夫のみ、是非の程、いずくんぞよく定めべけんや」と書かれています。また第17条には「大事は独り断《さだ》むべからず。必ず衆とともに宜しく論《あげつら》うべし」と定めています。

たしかに、同じ住民同士が口角泡をとばして感情的な討論をしたのでは、同意できる建設的な結論を得にくいのは事実です。都市整備のまちづくりには、対立が避けられませんが、それを乗り越えるには時間をかけた冷静な対話が必要です。

劇作家の平田オリザは、「会話」（カンバセーション）は、親しい人同士のおしゃべり、「討論」（ディベート）は、自分の価値観と論理によって相手を説得し、勝つことが最終目標になるが、「対話」（ダイアローグ）は、価値観をすり合わせることによってお互いが変わり、新しい第三の価値観とも呼ぶべきものを作り上げることが目標となる、と新聞に書いていていました。

まちづくりに参加する人は、自分と異なる意見を排除しようとせず、まず他の人の意見をその人の立場に立って理解する努力が必要です。そうした対話の積み重ねによって、対立を乗り越える新しい価値観、ライフスタイルが創造されるように思います。

もっとも、対話を重ねることが大切だとわかっていても、自分の主張を批判され、否定されると面白くはありません。なかには怒って席を立ってしまう人もいます。感情を抑えて忍耐強く対話を重ねることは、人間力を鍛えることになると思ってもストレスが溜まります。太子堂のまちづくりにふさわしい対話のあり方、コミュニケーションのあり方の模索は、まちづくりが続く限り終わりなき課題になりそうです。

5 住民から〝まちづくり人〟への脱皮

『堤中納言物語』のなかに「虫めづる姫君」という話があります。たびたび古典を引用するとひけらかしの嫌味な文章になるのはわかっていますが、まちづくりに関わる人と重なる面白い話なので紹介することをお許しください。

この話は、毛虫を愛する変わった姫君が主人公の短編ですが、その冒頭に書かれている一部を現代語に訳したもので紹介します。

「世の人々が、花よ蝶よともてはやすのは、全くあさはかでばからしい了見です。人間たるもの、誠実な心があって、物の本体を追及してこそ、心ばえもゆかしく思われるというものです」とおっしゃって、いろいろな虫の恐ろしそうなのを採集して、「これが変化する様子を観察しよう」と言うので、さまざまな観察用の虫籠などにお入れさせになる。なかでも「毛虫が思慮深そうな様子をしているのが奥ゆかしい」とおっしゃって、朝晩、額髪をおかみさんよろしく耳にかきあげて、毛虫を、いくら好きでもこれに添寝は無理なので手のひらの上で愛撫して、飽かず見守っておられる」（稲賀啓二訳、小学館『日本古典文学全集』）。

姫君の両親が外聞が悪いと注意しても「かまわないわよ噂なんか。万事の現象を推究し、その流転の成り行きを確認するからこそ、個々の事象は意味をもってくるのよ」とまったく意に介さない始末。噂を聞いて垣根越しにのぞきにきた男に姿を見られても「悟ってしまえば何事でも恥ずかしいことなどありません。人は夢幻のようなこの世に、誰が生きながらえて、これは悪いこと、これは善いことなどと、もろもろのことを見たり判断したりできようか」と平然としています。まさに平安時代の女ファーブルといえる姫君です。

この姫君の話を引用したのは、私が太子堂のまちづくりに三十余年かかわってきて、まちを生きものとしてその進化の過程を見極め、多角的、多面的視点から時代の変化への適応を検証していく必要があることを学んだからです。同時にこれまでの常識や既成概念から脱皮して、新しい創造的なまちづくりを構築する必要があると思うからです。

太子堂のまちづくり協議会の会員は、30年間で延べ150人になりますが、まちづくりへの参加動機はいろいろで、最初からまちづくりを理解して参加した人ばかりではありません。

世田谷区が、まちづくり開始5年目にまとめた冊子『修復型まちづくりの実践、太子堂地区まちづくりパートII』のなかで、住民の参加の動機を次の7タイプに類型化して紹介しています。

・行政協力型：良くわからないが行政の進めることだから協力しよう。
・組織代表型：とにかく今後のこともあるから団体から誰かを出そう。
・情報収集型：自分にとって何か影響があるのでは？
・猜 疑 心 型：だいたい行政はろくな事をしない。
・行政追及型：行政への不平不満がある。
・興味津々型：まちづくりはおもしろそう。
・市民の役割型：何か自分でも役立つことがあれば

この世田谷区の類型によれば、私などは差し詰め猜疑心型とか行政追及型の人間として、行政側からもっとも敬遠されるタイプの住民だったようです。人のことを言える立場ではありませんが、なかには、目先の個人的利害に固執した意見を繰り返して対話が成り立たない人、いつも一貫性がない思い付きの主張をして孤立する人も

『修復型まちづくりの実践、
太子堂地区まちづくりパートII』

います。

しかし、たとえ自己主張に固執する人がいても、それが暮らしを守り「生活知」に根ざした意見であるかぎり、民意として尊重し、排除すべきではないと考えます。ただし、それだけでは合意を前提としたまちづくり計画を成立させることはできません。これが参加のまちづくり運営のジレンマとなっています。

参加する住民は、まず自分の生活を長期的、総合的、広域的視点から省察するとともに、多様な意見にも耳を傾け、自分のまちを俯瞰し、時には行政の立場にも立ってまちづくり計画を考えてみることで、単眼から複眼的視野をもった〝まちづくり人〟に進化できると考えます。

もちろん、すべての住民がまちづくり人に脱皮することは期待できません。進化の努力をする人がどれだけいるか、また、協議会として異なる意見をまとめていけるファシリテーターが育つかがまちづくりの成否を左右するように思います。

6 住民と行政とのまちづくり共進化

まちづくりを担当する世田谷区の職員も住民と同じで十人十色、住民に信頼され頼りにされる人もいれば、官僚の殻を破れず役人風を吹かせて住民の反発を招いている人もいます。

太子堂の密集市街地の防災まちづくりでは、財産権、既得権を制約する計画づくりが必要になります。憲法第29条1項で「財産権は、これを侵してはならない」とし、2項で「財産権の内容は、公共の福祉に適合するやうに、法律でこれを定める」と規定しています。

また、地方公務員法では「すべての職員は、全体の奉仕者として公共の利益のために勤務し、且つ、職務の遂行に当たっては、全力を挙げてこれに専念しなければならない」と定められて戦後しばらくは〝公僕〟と称されていました。

しかし、具体的なまちづくり計画が〝公共の福祉〟あるいは〝公共の利益〟になると誰が判断するのでしょうか。時代の変化が速いので、法律も条令も地域の実態に合わなくなる場合があり、その規定、基準を機械的、杓子定規に適用すると地域住民との間に軋轢が生じます。

自治体職員に期待される「大役人」

世田谷区の職員は、まちづくりを始めたころは6000人以上（2013年は約5100人）もいましたから、道路の拡幅計画を〝公共の利益〟を盾に主張する人も出てきます。

新しく街づくり課に赴任したA係長は、三宿まちづくり協議会の佐々木会長宅を挨拶に訪ねた時「10年以上も街づくりをやってきたのに道路整備ができていない。今まで何をやってきたのですか」と詰問し、佐々木会長が、修復型で少しずつ道路拡幅が進んでいると説明すると「道路は真っ直ぐでなければならない。曲がったままの道路は道路ではない」と言ったそうです。

この話は、かたわらにいた会長の奥さんが「まちの人をまとめていく苦労を知らないで、失礼なことを言う人だ」と後で私に話してくれたのです。普段、まちづくりに口を挟まない奥さんだけに、よほど腹をたてて私に話をしたのでしょう。昔の諺に「片口きいて公事をわくるな」とあるように、片方の意見だけで判断すべきではありませんが、A係長は太子堂でも問題をおこし、その後の転任先の住民からも反発を受けていると聞きましたから、いつも同じような態度で住民と接しているのでしょう。

こういう〝お役人様〟から脱皮できない職員がいると、住民の行政全体に対する不信感を増幅させます。いったい世田谷区はどんな職員教育をしているのか知りたくて、研修テキストの『特別区職員ハンドブック』（1994年版）を入手したところ、「自治体職員としてのあり方」の項目に、次のように書かれていました。

「自治体職員には大局観に立ってものごとを処理できる〝大役人〟たることが期待されている。それは個別具体の仕事をつねに〝時と所の関係性〟のなかで理解し、判断し、処理しうる能力である。〝時と所の関係性〟とは、実は、〝自然〟と〝もの〟と〝人〟とが個性的に結び合って一つの全体をなしている地域そのものにほかならないから、自治体職員が大役人たりうる条件はまず地域の的確な認識である。地域を真に知るとは地域と生き生きとした交流や交信を行なうことを通じて人びとがなにを悩み、どうしてほしいと願っているかを感得することである」。

「大役人」という言葉を私は初めて知りましたが、権力を嵩に着た身分の低いお役人を「小役人」というので、その対語として使っているのでしょう。それにしても、職員に「大役人」を期待するのは、後述する自治権拡充を目指して東京23区の特別区制度の見直しを求める運動の高まりのなかで、自立した自治体職員像を描き示したものと思われ、住民としても期待したいところです。

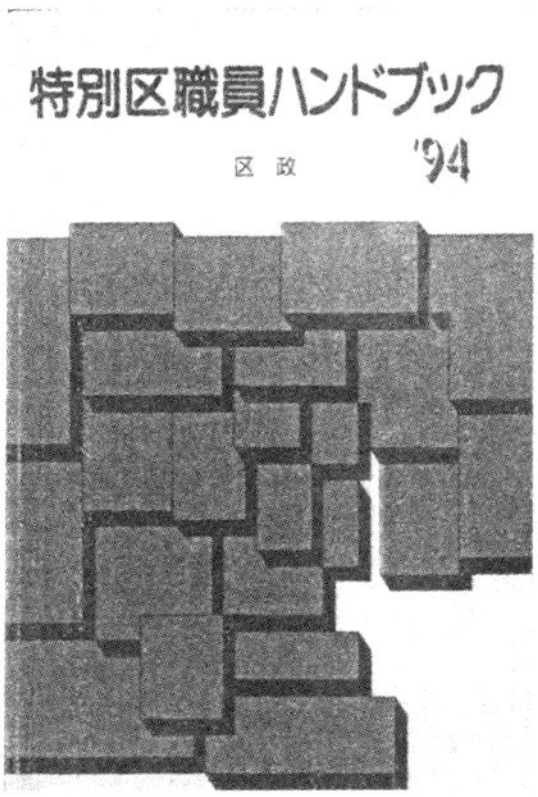

『特別区職員ハンドブック』
1994年版

基礎的自治体の職員は、直接地域住民と接し住民の暮らしに関わる仕事が多いため、その態度や仕事ぶりが行政不信の原因となります。A係長の態度は、太子堂、三宿地区の住民の反発を招いて1年で移動させられましたが、ほかの地域に移動しても住民から批判されることが多かったにもかかわらず、後に課長に昇進しています。このため、職員の人事評価に住民の意見を反映させるべきだと主張する意見が出ています。

しかし、見方を変えればA係長が課長に昇進したのは、首長の方針に従って個別の利害に基づく要望、感情に迎合せず、プロとして自説を主張して仕事をしていることが行政組織の一員として評価されたといえるかもしれません。

まちの「真面目《しんめんもく》」を五感で感じる

地方公務員法では「職員は、その職務を遂行するに当たって、法令、条例、地方公共団体の規則及び地方公共団体の機関の定める規定に従い、且つ、上司の職務上の命令に忠実に従わなくてはならない」と義務づけています。

世田谷区の区長は、2003年（平成15）新たに熊本哲之区長が登場し、最初の区議会で太子堂・三宿地区の道路拡幅整備を重点施策とする方針を明言しています。A係長は、国や東京都の道路整備の方針、区長の施策を忠実に実行しようと意気込んで自説を貫いたから昇進したのかもしれません。

それに反して、首長が交代し区の方針が変わると、それまで住民とともに参加のまちづくりに積極的に取り組み、信頼関係を築いてきた職員が、A係長とは逆に左遷ではないかと噂される異動も見られます。

一方、住民のなかには自己の利害や価値観だけで判断して、「行政は住民の立場に立って考えていない」と一方的に担当者を非難する人もいます。

三太通りの拡幅計画に反対してA係長を厳しく非難した住民のHさんに、区長選挙では誰に投票したのかと聞いたところ、密集市街地の道路拡幅整備を重点施策と定めた熊本区長に投票したというのです。選挙で区長を支持しながら、その区長の方針に忠実に従う担当者を非難するのは、まさに天に唾するようなものではないでしょうか。

行政組織は「ある意味でリスク回避、責任回避のシステムである」と論じた人がいました。私もまちづくり活動に参加して、行政のタテ割の弊害などについて厳しく批判してきました。また職員が2〜3年で移動してしまうため、いわゆるPDCAサイクル（計画、実行、検証、見直し）が一貫して行なわれず、組織、個人のいずれも結果責任を問われないことに不満を感じてきましたが、たんに小役人だからといって担当職員を排除しても問題は解決しません。

まちづくりは、そのまちの住民と行政とが、共感し、共有できるまちの姿を描き、それを時代の変化に適応して実行し、継続して検証し、修正していくエンドレスの活動だと思うので、住民の理解と協力がなければ実現できません。

そのためには、まちづくりを担当する職員には、行政計画に反対したり批判したりする人たちとも忍耐強く対話を重ねていくことを望みます。ヒラメのように上だけに眼を付けるのではなく、住民と裸の付き合いをしてまちの真面目《しんめんもく》なるものを五感で感じとることができるようになり、相互信頼が醸成されて初めてまちづくり計画を検討する基盤が形成されると考えます。

大役人になるには、区の方針を忠実に実行するだけでなく、住民との信頼関係の基盤に立って区長や上司に住民の考えを伝え、時には方針に異論を唱えて上司を説得する気構えを持つことが必要です。映画「柳川掘割物語↓用語」の広松伝係長のように、市長や市議会をも説得する気骨のある公務員が育つことを望みます。

他方、住民も行政の担当者が法律や首長の施策に従って仕事をしなければならない制約があることを理解する必要があります。自己の主張を認めないからと言って短絡的に担当者を非難するのではなく、住民も主権者として住民自治を確立する自覚と責任を持ち、行政担当者を公僕として、また大役人に育てる気構えで対話を積み重ねて、新しい時代に適応するための創造的な方向を一緒に模索し行動する必要があります。

なお、念のため2013年版の『特別区職員ハンドブック』を読んでみましたが、地方公務員としての法的規定の解説をしているだけで、「大役人」についての説明は姿を消していました。たいへん残念に思いますが、私は引き続き〝参加のまちづくり〟は行政と住民の双方が既成概念から脱皮し、まちづくり人として共に進化していく人間づくりの場にしたいと考えています。

7　まちづくり、地方の時代への道

望ましいまちづくりを進めるうえで、画一的な現行法制度も障害になることがあります。とくに高度経済成長にともなって多様化する住民の日常生活の要望に、地方自治体が現行法制度では十分応えられなくなり、1970年代に入ると中央集権から脱皮して、地方分権型社会の確立を要求する声が高まりました。

世田谷区の独立宣言

1978年（昭和53）に、長洲一二神奈川県知事が地方分権を求めた「地方の時代」を提唱されたのをはじめ、世田谷区も1986年（昭和61）9月に特別区制度改革を求めて区と区民、区議会の三者一体の「世田谷〃市〃実現を目指す区民の会」を結成して運動を広げ、1989年（昭和64）には「世田谷独立宣言」を出すほどの高まりを見せました。また、東京都と23区も協議をすすめ、1990年（平成2）には地方制度調査会が「都区制度の改革に関する答申」を出しました。

こうした地方自治体の運動によって、〃地方の時代〃が提唱されてから4半世紀を経た2000年（平成12）にようやく「地方分権一括法」が制定されました。

世田谷区独立宣言（世田谷区資料）

これによって「地方自治法」が改正され、国は「地方公共団体との間で適切な役割を分担するとともに、地方公共団体に関する制度の策定及び施策の実施に当たって、地方公共団体の自主性及び自立性が十分に発揮されるようにしなければならない」と規定、同年4月の改正自治法の施行によって世田谷区など東京都の特別区はようやく「基礎的な地方自治体」と位置づけられました。

さらに、２０１１年（平成23）には地域の自主性および自立性を高めるための改革の推進を図るため「地域主権一括法」が成立しました。こうした一連の法改正で、機関委任事務が廃止されるなど中央集権体制から地方自治への移行が期待されました。

しかし、いわゆる〝三位一体の改革〟といわれている「国庫補助負担金の廃止、縮減」「税財源の移譲」「地方交付税の一体的な見直し」などが決まらず、街づくりに関する地方自治体の自主性、自立性の確立までにはまだほど遠い感じがしています。

とくに23区は、基礎的な地方自治体と位置づけられながら法的には相変わらず「東京都の内部団体」とされ、事務配分では清掃事業が区に移管されるなど一部権限の委譲が見られたものの、税財源などの配分については都区間交渉が難航しているようです。

私は法制度の専門知識を持たないので、これ以上触れませんが、世田谷区は人口87万人を超える大都市として政令指定都市の権限を持つべきだと考えていますので、いつまでも東京都の内部団体に甘んじていることに疑問を感じています。

太子堂で経験した一例をあげると、私の娘たちが世話になった池尻保育園と児童館が都営住宅の跡地に民活で建て替えられることになったので、その内容を調べたことがあります。

民活で建てられた複合施設の建物

民活による建て替えのため、東京都は住友商事、住商建物など4社と「池尻2丁目都有地活用プロジェクト」と称する契約を締結しましたが、それによると、保育園など総合施設の建築だけでなく、「太子堂・三宿地区において自主事業を実施することにより、老朽建物の建替え、共同化・不燃化を促進し地区の防災性の向上を図る」との条項がありました。

東京都の上位計画に反発

住友グループの登場は、太子堂の協議会にとって寝耳に水の話です。すぐ協議会は東京都の担当者に出席を求めて事情を聴いたところ、都は新たに防災都市づくり推進計画を改定して太子堂地区の不燃領域率を２０１５年度（平成27）に60％にするという目標を65％に引き上げたので、木造住宅密集地域の整備促進に資するため民間事業者の技術力・行動力を活用することにしたとの説明がありました。

この説明を聞いて、私は東京都が民間企業を活用するのは世田谷区の行政力、実行力に対する不信を表していると思いました。たしかに、太子堂の防災まちづくりは修復型のため効率が悪いとの批判があります。

しかし、行政と住民の協働によって、すでに東京都が当初目標にしていた不燃領域率60％を前倒しで実現しており、さらに都の建築安全条例に基づく「新たな防火規制」↓用語の区域指定もおこなったので、何も民間活力などの追加対策を講じなくても２０１５年度（平成27）までには不燃領域率65％の実現は可能な状態になっています。

それにもかかわらず、東京都が事前に地域住民の意見を聞かず理由の説明もしないで、わざわざ民間活力の導入を一方的に図るのは、太子堂の住民参加のまちづくりを否定するものではないかと都の担当者を厳しく批判しました。

東京都の若い女性担当者は、こうした住民の直接的な批判に慣れていないためか、「東京都の決めた計画は上位計画ですから」と発言して私たち協議会のメンバーを驚かせました。もちろん、都の職員がすべて〝お上〟意識を持った人ばかりではありません。この後、代わった担当者は、住民の意見によく耳を傾け修復型の街づくりにも理解を示してくれています。

まちづくりには、法制度の動向にも目配りしながら検討していく必要がありますが、都区制度改革に関心を持つ住民は少ないのが実情です。地方分権化が進まないのは、霞が関の中央省庁や東京都の抵抗が主な原因ではありますが、住民の無関心にも原因があります。また、お役人の〝お上〟意識の存在を許しているのも、住民の側にある官尊民卑の意識やおまかせ主義に起因しているように思います。

地方自治には、〝団体自治〟と〝住民自治〟の両立があって初めて自立した民主的地方自治が確立したと言えるのではないでしょうか。しかし、まちづくりにおける住民と行政のパートナーシップとか協働とかが強調されていますが、それは〝比翼連理〟のような一体的なものではなく、それぞれが鳥の目と虫の目を持って対話を重ねていく関係が参加のまちづくりだと考えます。

地方制度調査会の答申などを見ると、盛んに住民自治の拡充が強調されていますが、残念ながら住民の自治意識はなかなか高まらないのが実情です。日常の暮らしに追われて余裕がないためですが、身近な生活に関わる問題で行政と住民が対話を重ねることによって、ともに時代の変化に適応して共進化していく努力が求められています。

ただし、団体自治と住民自治の両輪は、大八車のような同軸回転するような関係では激しく変化する時代には適応できません。自動車の前輪が、わざわざ並行にならないようにイートン（先閉じ）、キャンバ・アングル（上開き）という傾き角度をつけ、後輪にはディファレンシャル・ギアで左右の駆動輪が異なる回転に変えられるように造られており、ハンドルの操作に遊びがあるのは、道路の変化に適応して安全な運転、操縦ができるようにするためです。

行政と住民の関係もそれぞれ自立し、時には対立しながら同じ方向を目指し、相互に刺激しながら進化していく関係でなければ、新しい時代の変化に適応していくことはできないように思います。

また、住民自治を主張する以上は東京都の主張する「大都市経営」の考え方に対して、世田谷区における自治体経営のあり方を私たち住民自身も行政と一緒に検討し、独自の理論構築をする義務と責任があると思います。

こんな理想論を述べながら、わが身に振り替えて考えると老いの身には荷が重く、住民自治確立の道程は遥か遠くに感じます。とはいえ、住民自治・地域自治の実現は私の理想であり、そこに〝理想の山〟があるから登るだけで、そのために身近な問題から一歩一歩踏み固めていくしかないというのが最近の正直な心境です。

8 「偕生《ともい》き」のまちづくり

ことばは時代の動きのなかから生まれ、その時代を切り取り、時代の移ろいとともに変わっていきます。人びとの暮らしや価値観の変化を反映して死語になることばもあるし、意味が反対に代わることばもあります。

文化庁の世論調査によれば「流れに棹さす」という慣用句を、本来の「傾向に乗って、ある事柄の勢いを増すような行為」の意味で使っている人が23％に対して、「傾向に逆らって、ある事柄の勢いを失わせるような行為」と誤用している人が59％になっているそうです（２０１２年度の国語に関する世論調査）。

このような、ことばの意味が逆転している事例はほかにも見られるし、国語辞典などのなかには両方の意味を併記しているものもあります。そのうち誤用のほうが正しい意味に使われる時代が来るかもしれません。

東日本大震災のあった２０１１年（平成23）、京都・清水寺で発表される恒例の「今年の漢字」に「絆」が選ばれました。東北の被災地で、人びとが助け合った姿が国際的にも賞賛され、都市における絆づくりが改めて防災対策の課題としても注目されるようになりました。

ところが、念のため政府が定めた常用漢字表を調べたところ、「絆」の文字が載っていないのです。文科省の文化審議会国語分科会が、どのような基準で選定しているのかは知りませんが、常用漢字表の選定には、現代都市の希薄になった人間関係を反映しているのかもしれません。

太子堂のまちづくりでは、防災対策として住民の連帯感を醸成するためのコミュニティづくりに力を注いできました。しかし、私は村落共同体に見られるような伝統的な「絆」を太子堂に持ち込むつもりはありません。

「絆」を『漢和中辞典』（角川書店）でひも解くと、「牛・馬をつなぐなわ」を語源として、字義としては「つなぐ、足をつなぐ、つなぎとめる」と書いてありました。『広辞苑』を見ても「①物をつなぎとめる綱、②断ちがたい恩愛、離れがたい情実、ほだし、わずらい、係累、繋縛」とあります。

はたして、このような意味の「絆」を現代都市の地域共同体に求めることができるでしょうか。たんに他人との付き合いが煩わしいというより、戦前生まれの私などは、戦時中に過度の連帯感をもとめた「隣組」の悪夢を思い出してしまうのです。都市型の共同体としては、もっと緩やかな繋がりの共同体を考えていかないと、都市のまちづくりは長続きしないと思っています。

片利共生を招かないために

「共生」ということばも、まちづくりのキーワードとしてしばしば使われています。このことばは、1980年代に自然環境を守る運動をしている人たちが「人間と自然との共生」を唱えたところから広く使われるようになったようです。

正直に言って、私は人間も地球の他の生物と同じ生態系の一部と考えているので、人間と自然を同列に表現する「人間と自然との共生」とか「地球にやさしい」などというのは、人間中心の思い上がりのことばだと考えながらも、まちづくりには自然のなかで人びとが共存していく考え方が必要だと考えて「共生」を使ってきました。

しかし、生物学の「共生」には、「相利共生」だけでなく「片利共生」「片害共生」あるいは「寄生」も含まれていることが気になっていました。都市整備のような権利の制限をともなうまちづくりは、「片利共生」どころか、多数決原理によって「共生」が「強制」をともなう「矯正」に変化して少数者の権利を奪い、排除する「片害共生」の事態を招きかねないからです。

たまたま、浄土宗総本山の京都・知恩院の坪井俊英・門主が「共生」を「ともいき」と読んでいることを知りました。坪井門主は、「ともいき」をすべての命との共生という「横軸」だけでなく、先祖から子孫までつながっている「縦軸」を含めた概念と説明しています（ノーベル平和賞受賞者のワンガリー・マータイとの対談）。

この「ともいき」ということばから、浄土宗開祖の法然に関する本を読んだとき、「ともいき」に「偕生き」という漢字を当てていたことを思い出しました。もちろん「偕」という漢字も常用漢字表には載っていませんが、『漢和中辞典』によれば「偕」は「①ともに、みな、②ともなう、つれだつ、③ひとしい」などの意味と書いてありました。法然は、すべての人間は平等であるとの考えで「偕生き《ともいき》」という言葉を使っていたようです。

無宗教の私ですが、この「偕生き《ともいき》」のほうが「共生」よりもことばの響きもやさしく、住民参加のまちづくりには適したことばだと考え、これからは「偕生き」にふさわしいコミュニティのあり方を模索していきたいと思います。もっとも、「偕老同穴」のような墓の中までという「偕」の関係はご免蒙りますが。

まちづくりには、このほか「協働」「安全、安心」「持続可能な」などさまざまなことばが、まるでまちづくりの枕詞やお題目のように使われています。私たちは、こうしたことばの意味を自分に都合よく安易に解釈せず、よく吟味して使う必要がありそうです。ことばは、人と人がつながるために生まれ、コミュニケーションを通して自分の考えを伝え、相手の考えを理解していくものですが、時にはことばによって考えを操作され、ゆがめられる危険があるからです。

9
まちづくりの世論と輿論

今では、どこの自治体でも地域の民意を反映するため、まちづくりには住民参加が常識になりました。世田谷区は、既述したように1982年（昭和57）に「街づくり条例」を制定して住民参加の仕組みを担保し、太子堂の協議会は、まちづくりのルールづくりや計画づくりに地域の民意を反映させる努力をしてきました。

しかし、太子堂の三十余年のまちづくりを振り返ってみると、住民の多様な暮らしを反映して意見の対立、利害の衝突が避けられず、決して平坦な道のりではありませんでした。また、たとえ住民が最適と考えて合意が成立した計画でも、10年後には時代に適合しなくなり、派生するさまざまな問題に悩まされる場合も生じて、まちづくりに民意を反映させるむずかしさを経験してきました。

最近、マスメディアが毎月のように世論調査を発表しています。この調査結果を民意として、政治や行政施策に反映させることが民主主義の基本と考えられています。ところが、私が受けた電話による世論調査では、機械音声での質問のため、どこのメディアの調査かを質問しても答えず、質問項目に疑問があっても問いただすこともできません。

このような方法の世論調査は、個人の責任ある意見の総和というより、人びとの世相に流された心情の集積と見るべきではないでしょうか。とくに電話による世論調査は、限定された質問項目から選ばなければならないし、質問者と討議し熟考して回答することもできません。

また、複数の新聞社の調査結果を比べてみると、同じ内容の質問でも質問の表現や項目の配列によっては違った結果が出たりしているので、世論調査が人びとの認識を操作し、管理する手段に使われる心配もあります。

明治維新によって西洋思想が流入してきたとき、英語のパブリック・オピニオンを「輿論」、ポピュラー・センチメンツを「世論」と訳して使い分けていたようです。

こうした「輿論」と「世論」の区別は、1946年（昭和21）の「当用漢字表」（現在は常用漢字表）から「輿」の漢字がはずされたため、それ以後「ヨロン」は「世論」に統一されるようになりました。

戦後の民主化政策の一環として、漢字の簡素化、平明さを基準に除外したようですが、2010年（平成22）11月、29年ぶりに改定された常用漢字表では「鬱」などのようなむずかしい漢字を復活させたのに、相変わらず「輿」が見当たらないのはどうしたわけでしょうか。どんな意見であろうと、主権者としての国民の意見は「輿」と「世」に区別せずに尊重すべきだということかもしれません。

都市整備の計画づくりは時間がかかります。世田谷区は、2013年（平成25）に策定した「基本構想」で、20年後を想定して公共的な目標、理念を描いて今後の指針としています。私も少なくとも10年後の時代を想定した太子堂のまちづくりを考えて、「輿論」形成と合意によるルールづくり、計画づくりをしたいと考えてきました。

しかし、現実には太子堂協議会でそうした討議をするのは困難で、まだ納得できる解を見出すことができません。また、普通の住民は、現在の生活の延長線で将来の暮らしを考える人が多く、10年後の時代変化を予想して社会や暮らし方を変える必要があると考える人は少ないようです。

倚《よ》りかからない自律した判断を

地域住民の「輿論」づくりには、住民一人ひとりが人任せにせず、世間の雰囲気に流されることなく社会的な問題に関心を持ち、自律的判断と責任ある発言をしていく必要があると考えます。そうした努力をしないで、肩書のある偉そうな人、一部の声の大きい人や多数意見に引きずられているとグリムの童話「ハーメルンの笛吹き男」の話の二の舞になりかねません。

茨木のり子は「倚りかからず」という詩で次のように書いています。

もはや　できあいの思想に倚りかかりたくない

もはや　できあいの宗教には倚りかかりたくない
もはや　できあいの学問には倚りかかりたくない
もはや　いかなる権威にも倚りかかりたくない
ながく生きて　心底学んだのはそれくらい
じぶんの耳目　じぶんの二本足のみで立っていて
なに不都合のことやある
倚りかかるとすれば　それは椅子の背もたれだけ

この詩のように、私も自立した立場で主体的に考え、判断し、責任ある主張をしていきたいと考えていますが、どんな主張でも孤立しては世の中を変えていく力にはなりません。このため、対話を通して多数意見を形成しなければなりませんが、人は必ずしも物事を合理的に思考し、論理的に考えているとは言えません。

なかには自分の狭い知見を絶対視し、それがあたかも地域住民全体の意見であるような主張を繰り返す人がいるので合意形成には苦労します。しかも、そうした意見の裏に自己の利害得失や既得権を守ろうとする意図が見え隠れすることがあります。なかには、学校関係者がモンスターペアレントと呼んでいるような住民が、まちづくりの現場でも見られます。

それを住民エゴと一概に排除すべきではないと考えます。それが暮らしに根ざした意見であるかぎり、まちづくりに反映させる努力をしないとコミュニティの形成ができないからです。

モンスターは、英語で巨大な怪物などと訳されることが多いようですが、語源のラテン語では忠告、警告の意味があるそうなので、反対意見にも忍耐強く耳を傾けるべきだと自分に言い聞かせてきました。もっとも、私は会議でときどき苛立った態度を示し、声を荒げることも多いので後で反省しているのが実情ですが。

自己反省を含めて言えることは、個人のエゴを出発点にして、時間をかけて対話を重ね、合意できる「輿論」づくりに努めることが住民参加のまちづくりだと考えます。そのためには、話し合いの「場」と「機会」を地区単位に設けて、住民と住民、住民と行政とが話し合うことで意思疎通を図り、信頼と共感を醸成することが「合意」の基礎になると考えています。

とくに、規制をともなうまちづくり計画の立案にあたっては、安易なパブリック・コメント（PC）方式ですますことなく、住民参加のまちづくり協議会のような継続して話し合える「場」の設置や少なくとも討論型世論調査（デリバレイティブポーリング：DP）の実施を望みたいと思います。

こうした「討論型輿論づくり」は、時間と経費がかかるため理想論だとの反論があります。たしかに、いくら説得しても自説に拘って納得してくれない人がいることは事実ですが、こういう人はしだいに孤立していきます。まして自己の利益や地位を守る主張をつづけていると、かえって自らの権益を失う例も見てきました。こうした気づきも、長い目で見れば住民参加のまちづくりには大切なことではないでしょうか。

10 新しい時代につなげるまちづくり

時代とともに人びとの暮らしもまちの姿も変化していくと書いてきました。こうした考えは、シルクロードの旅で数多くの都市遺跡を見てきた私の実感です。

古代の都市国家ローマは、現在もイタリアの首都としての地位を保持しており、中国唐時代の国際都市だった長安（現在の西安）は、城壁こそ9分の1に縮小していますが周辺にまちを拡げて殷賑をきわめています。

しかし、かつてのササン朝ペルシャの都ペルセポリス、東西貿易の隊商都市として栄華を誇った

シリアのオアシス都市だったパルミラ遺跡
（古代ローマ帝国に滅ぼされた都市）

シリアのパルミラ、またシルクロード交易を支配したソグド人の都サマルカンドのアフラシャブなどは、戦乱によって崩れた石柱や土塊となって歴史ロマンの痕跡を残すだけになっています。世界最古の都市と言われているシリアの首都ダマスカス、イラクのバクダッド、アフガニスタンのカブールなど、今でも政治対立や民族・宗教紛争などのために住民が戦火に苦しみ、多数の難民を生みだしているまちもあります。

こうしたまちの栄枯盛衰は、決して他人事として看過することはできません。わが国では、グローバル化、人口減少、少子高齢化、経済低迷、エネルギー転換などの社会環境の変化によって、政治的、経済的、制度的な枠組みの見直しを迫られ、まちづくりにも大きな影響を与えています。

少子高齢化と首都圏一極集中への対応

日本の人口は、全国的に減少しているにもかかわらず首都圏への一極集中が進んでいます。その反面、地方都市が衰退し、村落の過疎化によって限界集落が増えています。

かつて石炭産業で繁栄した北海道夕張市は、炭鉱の閉鎖と人口流失で市の財政が破綻、福島県では原発事故による放射能汚染で、住民が離散して自治体としての存立が危惧されるまちも出てきています。

米国でも自動車都市のデトロイトが、自動車産業の不振で犯罪都市といわれるほど荒廃して、

２０１３年７月には１８０億ドルを超える負債を抱えて破産しています。わが国でも、新産業都市として指定されたまちでは、企業の海外移転にともなう穴埋めに苦労しているまちも見られるなど、産業構造の変化がまちづくりに深刻な影響を与えています。

日本創生会議は、２０１４年（平成26）５月、独自にまとめた「ストップ少子化・地方元気戦略」のなかで、２０４０年までに自治体の半数近くが消滅する可能性があると発表しています。その是正策として書かれている「選択と集中」という考えに私は賛成できませんが、太子堂のまちづくりを考えるうえで人口が首都圏に一極集中する影響は避けて通れない課題だと思います。

大都市への人口集中は、日本だけでなく世界的な傾向です。ブラジルの首都ブラジリアなどは、理想的な計画都市として１９６０年に完成し世界遺産にも登録されましたが、当初計画した人口50万人の想定が、半世紀後の２０１１年には２６０万人に膨れ上がり、自動車の交通渋滞や事故、スラム街の問題などに悩まされていると伝えられています。

こうした都市への人口集中は、集積の利益を求めてヒト、カネ、モノ、ジョウホウが自由に移動する資本主義社会の必然的な現象です。日本のように人口減少で市場規模が縮小すれば、ますます都市への集中が加速されそうです。ただし、市場規模の拡大と中央集権が進むと集積の利益は増加しますが、その反面いわゆる外部不経済も深刻化し、もはや市場原理の「神の見えざる手」（アダム・スミスの『国富論』）などでは調整できなくなってきます。

また、わが国の高齢化社会の進展は国際的に注目されています。かつて、ＥＣが日本の住宅を「うさぎ小屋」と評した１９７０年代に、東京ではダイニングキッチンや水洗トイレを備えた近代的な住宅が多摩丘陵に建設され、若者が憧れたニュータウンの住宅団地が登場しました。

しかし、40年を経た現在、超高齢化社会を迎えて多摩ニュータウンの永山地区は高齢化率が24・９％、新宿区の戸山都営住宅などは50％を超える状態になっていると報じられています。多摩地区だけでなく、各地に建設された団地の高齢化が急速に進み、都市のなかの限界集落ともいえるまちが各地に出現し、孤独死などの対策が急がれています。

日本の人口が減少しているなかで、太子堂2、3丁目地区の人口は、まちづくりを始めた１９８０年（昭和55）当時の８１６４人が地価の高騰などの影響で２００３年（平成15）には６７０５人まで減少しましたが、２０１３年（平成25）１月にはふたたび８１９４人まで増加して人口密度はヘクタール当たり２３０人と高まっています。

また太子堂の高齢化率は、若者の転入で２０１３年（平成25）は17・９％と全国平均25％、世田谷区平均の19・３％を下回っていますが、２０１３年の0～14歳の年少人口を調べてみると、全国平均12・９％、世田谷区平均の11・５％に対して太子堂はわずか８・２％と極端に少なくなっています。

さらに、太子堂2、3丁目に住んでいる第１次団塊世代（１９４７～１９４９年生まれ）は、２０１３

年（平成25）で高齢者人口の15・3％を占めていています。これら団塊世代は10年後にすべて後期高齢者となります。このまま推移すれば、太子堂のまちは子どもの声が聞こえない老人のまちになる可能性が高く、健全な活力のあるまちとは言えなくなりそうです。子どもの声の聞こえないまちに未来はありません。

人口構成の高齢化だけでなく、建物の高齢化も進んでいます。とくに都市の人口急増に対応して１９６０年代以降鉄筋コンクリートのマンションが数多く建てられましたが、国交省の調査によれば２０３１年（平成43）には築50年を超えるマンションが１００万戸に達すると見られています。建築基準法の耐震基準が１９８１年（昭和56）に改正強化されましたが、それ以前に建てられた既存不適格のマンションの建て替えや耐震補強が進まず、震災時の倒壊やスラム化が心配されています。

まちづくりにもグローバル化の視点

太子堂のまちづくりは、主として大地震対策を主題にハードとソフトの両面から検討してきました。

しかし都市災害には、地震のほか、気候変動にともなう大型台風、局地的集中豪雨、鳥インフルエンザ、エボラ出血熱のような新型感染症などの自然災害と、テロ、ＰＭ２・５による大気汚染などの人為的災害もあり、ますますグローバルな視点からまちづくりを検討していかなければならない時代になってきています。なかでも最大の人為的災害は戦争による被害です。

地球環境問題としては、気候温暖化にともなう洪水対策、ヒートアイランド現象によるゲリラ豪雨の対策が検討されています。「気候変動に関する政府間パネル（ＩＰＣＣ）」の報告書によると、世界の平均気温は１９０６年〜２００５年の１００年間に０・74℃上昇しただけで世界的に異常気象が発生していますが、今世紀末には４・６℃まで上昇するとの予測もあります。

土嚢を積んで浸水を防いでいる太子堂の住宅

とくに、東京の平均気温は１００年間で世界の平均を上回る３・０℃も上昇しています。太子堂では、烏山川を暗渠にして川面が見えなくなっていますが、１時間に50㎜を超える豪雨があるたびに浸水被害が発生しています。これ以上温暖化がすすめば、太子堂では高温、豪雨、巨大台風などの被害がますます増大していくと考えられます。

かつて、ＯＰＥＣ（石油輸出機構）が１９７３年（昭和48）、第４次中東戦争の勃発を契機に石油の輸出制限をして世界経済を震撼させ、石油エネルギー依存度の高い日本では深刻な「狂乱物価」を招きました。

その前年の1972年（昭和47）、ローマクラブが『成長の限界』を発表して地球の持続可能性を論じたのをはじめ、国連の「環境と開発に関する世界委員会」が1987年（昭和62）に『我ら共有の未来』と題する報告書を発表して持続可能な開発の概念を提起するなど、地球資源の枯渇や環境の悪化などが広く論じられるようになりました。

そうした警告にも関わらず、日本の政治家は相変わらず新自由主義経済政策で大量生産、大量輸送、大量消費、大量廃棄の経済成長を継続させようとしています。多くの人はそうした政策に期待しながらも、国際的にも国内的にも転換期をむかえていることを感じ、先行きの見通しがたたない閉塞感にいらだちと不安を強めています。

住民のなかには「飽食の時代」の価値観にこだわり、最近は強力なリーダーに依存しようとする人たちが増えているように見受けられます。その結果、憲法改正、秘密保護法、集団的自衛権などナショナリズムを煽る政治の流れに棹をさす人が増えています。戦前生まれの私には、ドイツのワイマール憲法下でヒットラーが登場した歴史の道を再び辿るのではないかと危惧しています。

イタリア16世紀の政治思想家マキャベリは「都市であろうと国家であろうと、規模の大きな共同体ならば、時が経つにつれて欠陥があらわれてくるのを避けることはできない」（政略論）と書いています。

いずれにしても、太子堂のまちに安全、安心して住み続けていくためには、国内の社会環境の変化だけでなく、グローバル化時代の社会では国際的な視点からも検討しなければ解決できない課題が増えています。

繰り返しになりますが、私は時代の変化につれて、暮らしを見直し、まちを改革していくのがまちづくりだと考えて活動してきました。そのためには、長期的視点、広域的視点、総合的視点からまちづくりを検討すべきだと心がけてきました。もちろん、私の能力では10年後の社会のあり方を提示して皆さんを説得する自信はありません。

いま私に言えることは、これからのまちづくりを引き継いでくれる若い人たちが、何事も人任せ、行政まかせ、政治家任せにせず、多くの人とのつながりを通して学びながら対話を重ね、視野をグローバルに広げてほしいということです。

そして、人類の歴史を振り返って理想とするまちの将来像を描き、現実との溝をどのように埋めていくのかを一人ひとりが考え、地域の人たちと行動し、検証する活動を継続していく努力をしてほしいと願っています。

あとがき

この小冊子は、太子堂まちづくりのあとを継いでくれる地元の人と行政の担当者に、まちづくりの経過と私がどのような考えで取り組んできたかを理解してもらうために書いたもので、いわば「太子堂まちづくりの引き継ぎ書」です。

後から通読してみると、散漫でくどく、重複が多い文章のため、3、4、5章は太子堂を知らない人には理解しにくい内容ではないかと思います。

今回、学芸出版社から出版することになったので、太子堂を知らない読者にも理解していただける内容に書き直すべきだと考えたのですが、わずかに手直しをしただけで見直しを断念しました。どうか老体の文章とお許しください。

太子堂の三十余年のまちづくりで私が学び、読者のみなさんに伝えたいことは「はじめに」で書いた五つ視座に要約できます。もちろん、今後の時代変化によって見直すことが必要になると思うし、また地域によっては違った視点を加える必要もあると思います。

もう10年ほど前になりますが、あるシンポジュウムのパネラーに招かれたことがあります。その時の司会者だった早稲田大学の佐藤滋教授が「私がまちづくりの研究を始めたころから活動している〝古典的〟な太子堂まちづくり協議会の梅津さんです」と紹介されショックを受け協議会の副会長を辞任しました。

高村光太郎は、『道程』と題する詩の一節に「僕の前に道はない　僕の後ろに道は出来る」と書いています。私も若いころは、新しい道を切り拓きたいと気負って仕事をしてきました。しかし、自分の軌跡を振り返ってみると新しい道を切り拓いたと主観的に考えていても、後を歩く人がいなければその道に草が生い茂って消滅していることを数々経験してきました。

佐藤滋教授が、太子堂のまちづくりを〝古典的〟と表現されたのは、住民参加のまちづくりの先進事例と評価されたことばと勝手に解釈しています。もっとも「古典」ということばには、「永く残るべき価値の定まった書」という意味もありますが、太子堂の〝住民参加による修復型防災まちづくり〟は、しょせんガラバゴス島的な独自に進化してきたまちづくりですから普遍的な価値を持っているとは思えません。

戦前、公害の原点と言われた古川財閥の足尾銅山が、官憲の力を借りて農民の反対運動を弾圧したのに対して、住友財閥の支配人・伊庭貞剛（後に総理事）は、別子銅山の精錬所を新居浜から瀬戸内海の四阪島に移し、さらにドイツの技術による脱硫装置を設置して公害問題を解決するなど、企業の社会的責任に徹した経営者でした。

その伊庭貞剛が「事業の進歩発展に最も害するものは、青年の過失ではなくて老人の跋扈である」との言葉を残しています。私も老害を残したくないので、論語に書かれている「七十にして心の欲する所に従い矩《のり》を踰《こ》えず」「隠居して以て其の志をもとめ義を行いて以て其の道に達する」という孔子のことばの心境になりたいと考えました。

しかし、隠居しても私などは「小人閑居《かんきょ》して不善をなす」のことわざのように老化にともなって抑制力がなくなり、ついつい若い人たちの発言に口を挟んで嫌われていますから、傘寿を機に引退宣言をして協議会や学校協議会などの役員を辞任させてもらいました。

そのようなわけで、引き継ぎのために筆を執りましたが、この小冊子が他の地区のまちづくり活動に役立つかどうかは判りません。できれば、太子堂のまちづくりの経験と考え方を参考にして、それぞれの地域住民が自分たちのまちの問題点や将来を話し合える「ひろば」をつくり、独自の新しいまちづくりの道を切り拓いてほしいと願っています。

まちづくりの「ひろば」は、協議会といった組織形態にとらわれず、学者、専門家、行政と住民が「専門知」と「生活知」を融合させながら、時代の変化に適応する創造的なまちづくりを進めて地域の自治力を高めることを目的にした〝話し合いの場〟のことです。

こうした考えは、グローバル化時代に求められている競争と選択と集中の時代に逆行する考え方かもしれませんが、現在の世界的な新自由主義市場経済の行き詰まりから脱却するには、地域のことは地域住民自身が考え、決める力を育てて自治力を高めると同時に、他の地域と連携していく新しい枠組みを確立することが私たちの暮らしをまもる道と考えているからです。

最後に、太子堂のまちづくりを支え、指導してくださった多くの皆さんに感謝いたします。とくに、今回の出版にあたって推薦者になってくださった方、私の拙《つたな》い原稿を読んで出版社の人を拙宅まで連れてきて、いろいろ面倒を見てくださった五十嵐敬喜さん（日本景観学会会長、弁護士、法政大学名誉教授）、井上赫郎さん（㈱まちつくり研究所代表）、上梓にあたって解題を書いてくださった延藤安弘さん（NPO法人まちの縁側育くみ隊代表理事・元千葉大学教授）、推薦文のため太子堂を訪ねていただいた山崎亮さん（株式会社 studio-L代表、山形芸術工科大学コミュニティデザイン学科学科長）たちにお礼を申し上げます。

また、学芸出版社の前田裕資さん（㈱学芸出版社代表取締役社長）には、営業政策に反する条件をいろいろ注文したので、社内での調整にご苦労をおかけしたと思いますがお許しください。

太子堂2、3丁目地区まちづくり協議会

梅津　政之輔

太子堂まちづくりのあゆみ

	まちづくり協議会の主な活動	関連事項
1979（昭和54）		世田谷区基本構想（住民参加の街づくり）策定 基本計画で太子堂を街づくり重点地区に指定 三茶駅前再開発準備組合発足
1980（昭和55）	区、太子堂街づくり懇談会開催	世田谷区都市整備公社設立
1982（昭和57）	太子堂まちづくり協議会発足	世田谷区街づくり条例制定
1983（昭和58）	学習会、まち歩き実施	区、太子堂地区に木造住宅整備事業適用 街づくり推進課発足
1984（昭和59）	とんぼ広場完成 きつねまつり開催	
1985（昭和60）	まちづくり中間提案を区長に提出 マクドナルド広告塔事件	区、太子堂地区街づくり計画策定
1986（昭和61）	緑道再生計画で反対住民と話合い	
1987（昭和62）	緑道再生計画で合意成立	区、新基本計画策定 茶沢通り商店街のショッピングプロムナード完成
1988（昭和63）	地区計画策定の要望書提出	三宿1丁目まちづくり協議会設立
1989（平成元）	地区計画対象の沿道会議開催	密集市街地整備事業適用
1990（平成2）	老後も住みつづけられる・ワークショップ実施 烏山川緑道のせせらぎ完成	太子堂地区の法定地区計画施行
1991（平成3）	区と事前協議協定締結	区、総合支所制度発足で街づくり課に改組
1992（平成4）		都市計画法改正（市町村マスタープラン） 区、まちづくりセンター設置、ファンド設定

1993（平成5）		道路審議会、21世紀の道路構造中間答申
1994（平成6）		行政手続法施行
1995（平成7）	三茶再開発の区画街路計画変更 マクドナルド広告塔撤去	阪神・淡路大震災 都、防災都市づくり推進計画 地方分権推進法施行 区、新都市整備方針策定 区、街づくり条例改正
1996（平成8）	三太通り沿道会議開催	三茶駅前再開発ビル完成
1997（平成9）		密集市街地整備法施行
1998（平成10）	三太通り共同宣言調印	連合町会、小児病院跡地利用の請願 （2万8300名）
1999（平成11）	地区街づくり計画見直し提案	
2000（平成12）		都、太子堂2、3丁目を防災再開発地区指定 地方分権一括法施行 都区制度改革で23区は基礎的自治体に
2001（平成13）	坂口厚生大臣に小児病院跡地利用を要請 区議会、協議会・町会の跡地利用の請願採択	区、三宿法務省研修所跡地を取得 区、小児病院跡地周辺まちづくり方針策定
2002（平成14）	小児病院跡地汚染調査報告会開催 跡地利用検討会議開催	都市再生特別措置法施行
2003（平成15）	くらしの道研究会発足	世田谷区長に熊本哲之氏 三宿1丁目地区計画施行
2004（平成16）	防災生活圏（ゾーン36）検討会開催	区、都市住宅公団と跡地開発基本協定締結 景観法施行 新潟中越地震

2005（平成17）	小児病院外周道路計画で提案	都市再生機構、跡地を住友不動産に譲渡、東京建物とは借地契約
2006（平成18）	三太通りデザインワークショップ開催 跡地開発四者会議発足	区、三茶駅周辺バリアフリー基本構想策定 ㈶世田谷トラストまちづくり発足
2007（平成19）		改正建築基準法施行 自治体財政健全化法施行
2008（平成20）	協議会運営4原則再確認 三太通り道路線形で要望	跡地の住友、東京建物のマンション完成 区、太子堂地区街づくり計画修正 リーマンショック
2009（平成21）	国際航業の跡地調査報告書	三宿1丁目地区計画修正
2010（平成22）		都、住友グループと木密地区整備で協定 区、太子堂・三宿地区に新防火指定
2011（平成23）	太子堂の不燃領域率目標変更	東日本大震災 世田谷区長に保坂展人氏 都、不燃化10年プロジェクト策定 三宿1丁目地区の協議会分裂
2013（平成25）		ふれあい広場に区の複合施設完成 都、小児病院跡地周辺を広域避難場所に指定
2014（平成26）	地区街づくり計画見直し提案	都、太子堂・三宿地区に不燃化特区指定 区、新基本計画策定 区、新都市整備方針策定

用語解説

〔2項道路〕

建築基準法第42条2項では、幅員4m未満の道路は中心線から2m後退した線を敷地境界線としなければならないと規定し、その対象となる道路を「2項道路」と呼んでいます。

なお、幅員が6m未満の角地では、さらに2mの隅切り部分に建築物、門塀、擁壁などの築造も禁止されています（東京都建築安全条例）。

〔地区計画と地区街づくり計画〕

「地区計画」は、都市計画法に基づく計画で、建物の用途、形態、道路、公園などについて、地区のルールを法律で定めることができる制度で、これを守らないと建築確認がおりません。

「地区街づくり計画」は、世田谷区が条例で独自に定めた制度で、地区の特徴を生かした街づくりの目標とその実現に必要なルールを定めています。

「地区計画」や「地区街づくり計画」が策定された地区では、建物を建てるには、世田谷区に事前届け出が必要とされています。

〔不燃領域率と不燃化特区〕

「不燃領域率」とは、市街地の〝燃えにくさ〟を表す指標で、建物の不燃化や道路、河川、鉄道、公園の空き地などの状況から算出したもので、不燃化率が70％を超えると市街地の延焼による焼失率がほぼゼロになると言われています。

「不燃化特区」は、東京都が密集市街地の不燃化を促進するため、特別の支援を行なう新しい制度として「不燃化促進特定整備地区」に指定した地区のことです。

〔新防火規制〕

正式には「新たな防火規制」と言って、密集市街地の防災性能を高めるため東京都建築安全条例で建物の耐火性能を強化する制度です。この制度を指定された地区では、新築や建て替えにあたって耐火または準耐火の建築物にすることが必要になります。

耐火建築物とは、火災時に主要な構造部分が4階建て以下の場合は1時間以上、準耐火建築物は45分以上耐えて倒壊しない構造にした建築物のことです。

〔柳川掘割物語〕

福岡県柳川市で、ドブ川となっていた水路に蓋をして下水道にする計画に対して、担当した広松伝係長が反対し、市長を説得して計画を阻止、自ら市民の先頭に立って浚渫作業を行なって日本のベニスと言われた水郷をよみがえらせた話。映画にもなっています（制作：宮崎駿、脚本監督：高畑勲）。

解題1

太子堂の住民参加の防災まちづくり

㈱まちつくり研究所代表　井上赫郎

世田谷区太子堂地区の概要とまちづくりの発意

世田谷区太子堂2、3丁目地区が、本書の舞台である。田園都市線で渋谷駅から約5分の至便な位置にあり、世田谷区の商業拠点のひとつの三軒茶屋の裏に位置する密集市街地である。関東大震災後のいわゆる西郊スプロールによって市街化が進み、戦後の早い時期に基盤整備がなされないまま現在の密集市街地の原型がかたちづくられたまちであり、山の手といわれる世田谷区においてはめずらしい下町的な雰囲気をもったまちでもある。このまちで住民参加による防災まちづくり＝密集市街地の改善、を世田谷区が発意したのは1970年代の後半である。

1975年に地方自治法の改正がなされ、東京都特別区の自治権が飛躍的に拡充された。区長公選制や固有職員制などとともに、都市計画の分野でも都から区への大幅な権限移譲がなされた。これらを背景に、世田谷区は住民に最も身近な自治体にふさわしい独自の都市計画のあり方を模索することになる。1976年に筆者も参加して「既成市街地（環状7号線の内側）再整備基本調査」が実施された。「まちづくりノートPart 1」と称されたこの調査のなかで、「住民参加のまちづくり」「修復型まちづくり」「アクションエリアまちづくり」「防災まちづくり」が提案され、1980年に策定された世田谷区基本構想・基本計画のなかで公式に位置づけられることになる。

この頃、世田谷区議会では「まちづくり」という用語について討議がなされ、ハードなものを「街づくり」と称し、ソフトを含む地域づくり全般を「まちづくり」と称するようになる。以降、世田谷区は積極的に住民参加のまちづくりを進めることとなる。1982年には、住民参加の地区街づくりの根拠となる「世田谷区街づくり条例」を制定し、道路が狭くオープンスペースが少ない木造住宅密集地である北沢地区・太子堂地区がこの条例にもとづき、「街づくり推進地区（区議会議決で決定）」に指定される。同時期にまちづくり条例を制定した神戸市と並び、「西の神戸、東の世田谷」といわれるようにもなる。筆者もこの街づくり条例のなかに規定された「街づくり専門家派遣制度」にもとづき、以来長期に渡り太子堂地区まちづくり協議会に派遣されることになる。

住民参加まちづくりの基本となった協議会方式とワークショップ方式

本書の舞台である太子堂は正しくは太子堂2、3丁目地区である。当時、約35haの面積と約8300人の人口をもつ密集市街地であった。太子堂の住民参加のまちづくりは、区主催の懇談会からはじまる。1980年の最初の懇談会は太子堂中学校の体育館で開催され、200人を超える住民が集まり、新しい取り組みへの期待と不安による熱気あふれた集まりとなった。この時、区はA・B・Cの3案を示し参加住民へ意見を求めた。「これから住民参加によるまちづくりをはじめるのなら、この3案は白紙撤回して話し合いをはじめてほしい」と会場で発言したのが本書の著者である梅津さんだった。話し合いのなかで区は3案を白紙撤回して、本格的な討議がはじまる。

当初の懇談会のなかで「きちんと一歩一歩話し合いを積み上げていくために話し合いの場をつくらなければいけない」ということから「まちづくり協議会」をつくることになり、その準備会を住民有志の参加により設置して、会則やら運営方式やら役員やらを決めることとなった。なにしろ、ほとんど前例のない取り組み（当時、類似した地区としては、豊中市の庄内地区・神戸市真野地区・墨田区京島地区・豊島区東池袋地区などがあった）であったため、ひとつひとつが独自の試行錯誤を伴うものとなった。準備会の発足から半年余りを経て協議会方式がスタートすることとなる。ここでも梅津さんの提唱により、運営方式として「多数決によらず討議をつくす」「門戸を開き公募により誰でも参加できる」「地区外の人もオブザーバーとして参加できる」などを決めた。会長は当面おかないこととし、梅津さんを含む3名の副会長が決まる。1982年に正式に協議会が発足して、30余年続き現在進行形でもある「太子堂2、3丁目地区まちづくり協議会」がはじまり、協議会はその後の住民参加のまちづくりの母体となる。これらはその後「協議会方式」と称される。

住民参加の手法として主にとられたのが「ワークショップ方式」である。「集った住民が参加して多様な意見や提案を昇華させてひとつの結論を導き出す」ための手法として位置づけられ、試行錯誤を繰り返しながら住民参加のあらゆる側面で試みられることになる。おそらく街づくりの現場で、ワークショップ方式が全面的に採用された第一号であったのかもしれない。これらの取り組みには、当時地区内に拠点をおく木下勇氏（現在千葉大教授）が主宰する若者集団である「子供の遊びと街研究会」のメンバーが協議会に参加して尽力されたことが大きい。ワークショップ方式は、協議会内部での討議方法をはじめ、協議会メンバー・街づくりの現場周辺住民・行政・事業者等の間での協議でも使われた。「パークショップ」「沿道会議」「四者会議」などの取り組みが進む。1985年には、協議会での集中討議により（月に10回開催されたときもあった）「まちづくり中間提案（10の提案）」がまとめられた。この提案は、行政への要望としての性格とともに、協議会の行動指針とも位置づけられた。住民自らが取り組んでいくまちづくり行動の指針であり、結果的には「10の提案」はことごとく推進され多くが実現することとなる。

このようにして住民参加のまちづくりは徐々に定着していく。時間はかかるがそのプロセスに住民が直接関与でき、経過が可視的に理解できるところが評価される。また、ワークショップの進め方やイベントは、できるだけ楽しい試みとなるような努力もあった。「太子堂の古老の話を聞く会」「太子堂オリエンテーリング」「太子堂きつねまつり」「太子堂まち歩き」「まちの点検会」「他地区への見学会」「まちづくり学習会」「まちづくり交流会」「太子堂研究発表会」等々、多くのまちづくりイベントも開催され、協議会方式の定着と地区住民の協議会周知が進むことになる。

しかし、当然ともいえるが、こうした住民参加の取り組みが全て円滑にいったわけではない。行政と住民や住民相互での意見対立が起こり、その修復に大変時間がかかったり、しこりを残したり、合意形成に至らなかったりしたことはしばしばあったことは否めない。いわば「参加の壁」のようなものをいかに乗り越えるのかは、常に問われたことでもあった。

修復型まちづくりと密集事業という手法選択

太子堂の街づくりの手法は「修復型まちづくり」といわれている。もともと区の街づくりの発意の段階から、巨額がかかる防災街づくりでない手法が発想されていたが、いわゆるスクラップアンドビルドを伴う再開発事業型の事業（「根こそぎ型街づくり」といわれる）ではなく、「まちの良さを残しつつできるところから必要な改善を積み上げていく手法＝修復型手法」をとることとなった。この選択は住民の合意や理解のとりやすさや膨大な費用を伴わないということによるものでもあり、リハビリ型手法や漢方的手法とも呼ばれていた。住民の世代交代や生活基盤の変化、住宅の更新時期等に着目して改善をはかるということであった。いわゆる下町的な風土に伴う親密なコミュニティや義理人情、安く活気がある親しみやすい近隣商店街、慣れ親しんでいる環境や文化などをできるだけ尊重した、ほとんどまちの構造を変えない手法でもあった。密集市街地の住民の定住志向の高さ（それなりの暮らしやすさ）を背景としたこの手法は、多分に防災（災害を完全に防ぐこと）というよりも減災（少しでも被害を減らすこと）という発想から発意されたものでもある。即ち、小さな広場でもできれば減災には有効であるということに起因していた。

この修復型まちづくりという考え方は、住民には強制的でない手法として概ね歓迎されたといえる。反面、時間がかかり効率的でないとか、成果がなかなか目にみえない、などの批判もあったことも事実であり、しばしば行政間（国・都・区）での対立要因ともなった。この修復型を有効にするには、「継続的に街づくりを進める」「めざすべき姿を決めておき柔軟に対応する」ことが必須条件であり、区も住民もそれらを覚悟しての取り組みでもあった。

一方、太子堂の街づくりがスタートしたほとんど同時期に、国でも制度要綱にもとづく事業として密集事業（当初の正確の名称は「木造賃貸住宅地区総合整備事業」と呼ばれ、その後名称はしばしば変化したが、総称して「密集事業」と呼ぶこととする）が1983年に誕生した。この事業制度の誕生には、多分に太子堂での取り組み動向も影響しているわけであるが、あまり強制力をもたずに、街づくり事業に国や都道府県が補助金をだす（多くの場合、国や都の補助金は事業費1／4ずつで区負担は1／2）事業制度であった。太子堂の街づくり事業は、区の単独事業もあるが、ほとんどがこの密集事業を活用したものとなる。密集事業は全国の多くの地区で適用されたが、恐らく太子堂地区では最も多くの具体的な事業がなされ、この事業制度をフルに利用した地区にもなっていると思う。

防災街づくり事業の成果

最近の防災街づくりの評価指標として「不燃領域率」という指標がある。地区面積における、道路・公園・緑道・広場等のオープンスペース面積と不燃建築物敷地面積が占める割合である。その安全の目標値は70％といわれている。太子堂2、3丁目地区では、取組み当初の「不燃領域率」は30％台であったが、現在では約63～64％程度にまで上昇している。依然として密集市街地ではあるが、ほぼ目標水準には達しようとしている。

具体的な街づくり事業は大別すると、「広場づくり」「道づくり」「家づくり」「仕組みづくり」として取り組まれた。「広場づくり」としては、ミニ広場といわれるポケットパークが、協議会と周辺住民によるパークショップを経て数多く地区内に誕生している。手づくりで自主管理のユニークな広場となっており、多くの場合地下には防火水槽が設置され、広場内には防災倉庫や掲示板が設置されている。また、地区の中央部を横断する烏山川緑道も3年間に及ぶ話し合いの結果、高台の中学校プールの水を再利用したせせらぎのある緑道となり、住民の遊歩道や憩いの場として再生された。緑道には、高齢者のリハビリ用の健康器具が設置され、小学生による絵陶板が飾られ小学生の卒業式の日には絵陶板の前で記念写真をとる家族もみられた。

「道づくり」としては、6m幅員をめざす道路拡幅が徐々に進んだ。隣接する三宿地区との境界に位置する三太通りは、概ねの方向を確認しあった「三太通り共同宣言（太子堂・三宿両協議会、沿道住民・世田谷区による）」が締結され、その後沿道会議により6mの道路事業として整備中である。建物の2方向避難のように、行き止まり路の奥の宅地の用地買収による通り抜け路整備も10ヶ所程度で実現している。クランク状の道路のカーブ改良も進むとともに、地区内の2項道路の後退率も90%を上回る。新設された道路では電柱の地中化やハンプの設置等もなされた。これらの大半は「沿道会議」等の場での討議により合意形成がなされたものである。

「家づくり」としては、不燃化への建て替えが進み、木造賃貸住宅は減少し不燃化マンションへと変貌しつつある。地区内にあった国立小児病院は移転し中高層集合住宅となった。これらは、街づくり事業の成果もあるが、多分に渋谷近接地としての立地条件の良さによるものとも考えられる。「仕組みづくり」としては、1990年には地区計画が制定され高さ制限を含む建て方のルールが定められている。もともとマンション紛争が多い地区であり、建設時にはもめごとが多発していたが、最近では事業者もやや協力的のようにみえる。

2013年には、地区北側の集合住宅地及び隣接する三宿地区にある緑地や小学校を含めて東京都は一帯を広域避難場所に指定している。このように、防災街づくり事業は現在進行形のものも含めて地区全域にわたり徐々に進みつつある。本書に示されている事業実績マップを参照してほしい。なお、これらの事業展開には、地区計画とともに、世田谷区街づくり条例にもとづく「地区街づくり計画（区が策定）」が策定されたことによって一定の担保がなされている。

次世代に何を伝えるか？

最近、「太子堂のまちづくりは古典的である」というやや皮肉を込めた意見があった。確かに、長期に渡り愚直なまでに住民参加の修復型街づくりを実践してきた姿は、「古典的」なのかもしれない。協議会メンバーも高齢化し固定化していることは否定できない。

この太子堂のまちづくりには、国内外から毎年多くの見学者がくる。また、多くの学生や研究者がまちに訪れ研究テーマとしている。梅津さんはこれらの見学者に丁寧にまちを案内するとともに、ひとつひとつのまちづくりの現場でどのようないきさつがあったのかを熱く語っている。その姿は「まちづくりの伝道者」にもみえる。また、太子堂まちづくりに参加協力してきた人々は「太子堂はまちづくりの学校だ」と異口同音に語る。太子堂のまちづくりの試みは、隣接する地区をはじめ各地に波及してきた。また、太子堂で取り組んだ事業や参加手法の事例は制度化されたものを含み広く波及してきたといえる。

東日本大震災の復興まちづくりでの住民参加や、衰退した地方の創生が叫ばれる今、参加のまちづくりの意義や意味が改めて問われているともいえる。梅津さんは、「太子堂の参加のまちづくりの渦中にあって体験してきた想いを、次世代に伝えて再考してもらう機会とするために本書を執筆した」という。最近梅津さんは、子供たちの参加につながる活動に積極的に関与している。小学校でサバイバルキャンプを実施して避難生活の体験をしたり、中学生が車イス利用者の避難活動の支援訓練を行ったりしている。広場や公園づくりへの子どもたちの参加も目立っている。子供たちの父兄も「おやじの会」をつくり緊急時の対応の準備を進めている。これらの活動の現場に梅津さんはいつも参加し、指導している。梅津さんの次世代に期待する想いのあらわれでもある。

「暮らしがあるからまちなのだ」と題する本書は、長期に渡る太子堂の参加のまちづくりを牽引してきた梅津さんが綴る、太子堂まちづくりを通した様々な思いを次世代に伝承するための恰好の教本でもあり、新しい参加のまちづくりを期待するメッセージでもある。

解題2

「梅津」思想を未来につなぐ

法政大学名誉教授　五十嵐 敬喜

生活と市場の対立

著者（梅津さんという）が「太子堂」で「まちづくり」運動を始めたのは今から40年前である。「まちづくり」に興味を持つきっかけとなったのが1973年の「三軒茶屋マンション事件」（商業地域に15階建てのマンションを立てようとする事業者に対して住民が団結して戦い裁判所で10階建てに設計変更させる仮処分決定を勝ち取った事件、五十嵐敬喜『日照権の理論と裁判』三省堂・1980年所収）にかかわって以来である。日照権は守った。しかし、それだけでは「まち」は創れない。それから40年、梅津さんは、ひたすら一途にこのことを考えてきた。この都市を巡る状況は大きく3回変わっている。マンション事件の1973年という年は本書にも出てくる政治学者松下圭一（私の恩師である）が、敗戦直後から高度経済成長にかけての日本の急速な都市化を見ながら、マルクス主義者たちとの「大衆社会論争」を経て、いわば左右の党派に共通していた「統治型政治構造思考」に対峙して「自治体改革」を基軸に「市民」の登場とその位置づけを明確にした『シビルミニマムの思想』（東大出版会1971年）を発刊した頃である。この新しい思想の登場に呼応するように政治もダイナミックに動いた。横浜・京都など革新自治体の登場がそれであり、その雄であった美濃部東京都革新知事は2期目の選挙を戦うにあたってこの松下の思想を取り入れ「広場と青空の東京構想」を公約し圧勝した。「市民」という言葉は新鮮で輝かしく力があった。梅津さんも私も、今から思うとそのような時代の空気の中で、まるで酔っ払ったように日照権・マンション反対運動に乗り出したのである。しかし、その後、高度成長・バブルそしてバブル崩壊とデフレといった時代を経て、都市の様相も言葉も一変していく。端的に、政府は好況の時にはもっと供給を増やすために「容積率」の割り増しを訴えた。逆に不況の時も、今こそ供給を増やさなければならないとして「容積率の緩和」を繰り返した。容積率、つまり建築物の容量の拡大は、土地・建物そして都市そのものを、生活の道具・場から商品、市場へと転換したのである。梅津さんの「まちづくり」は主にこの転換時の「奮闘記」である。梅津さんの立場はそのタイトルに見られるように徹底してこの「生活の場」に立つものである。そして3回目の変化というのは、2000年代に入って明確になってきた「少子・高齢化」の波であり、これは地方都市だけでなく、東京という大都市の中にある太子堂も飲み込んでいく。本書は、この2期目の住民運動を「総括」するものであり、3期目のメッセージとなっていると私は読んだ。

政策提案

さて、先の松下が自治体化改革の視点から繰り返し強調していたことの一つに「政策型思考」というものがある。これは、当時「機関委任事務」（自治体は政府の一機関に過ぎない）という隷属的な制度の下で、ただただ、国に対してお願いをする存在にすぎなかった「地方公共団体」を文字通り「自治」を行う「自治体」（あるいは市民の政府）として構成しなおす、というものであり、市民も「反対」を超えて、地域合意のもとで「政策」を作り、これを自治体全体の政策にしていかなければならない。そしてさらにこの政策を国と比較しながら、自治体政策の優位性を確保し、最終的に国の政策を変更させていくというスキームと展望であった。しかし、松下が痛感していたように日本にはいまだに「ムラ社会」（古い型の町内会などに見られるようなしがらみの世界）が残されている。それだけでなく、世界第二位という「裕福な国」に仕立て上げたあくなき利益追求集団が複合し、これが日本の底流を形作っている。これが統治型保守の地盤であり、先にみた革新自治体も、戦後初めての政権交代となった民主党政権もこの日本の独特の構造の前に敗れ去った。最近の安倍政権はこの構造をバネにして戦後政治のレジーム（その最大ものが国民主権と憲法9条を定める「憲法」）の改革に着手し始めているということに留意しておこう。まちづくりの分野にもこの流れは当然反映してくる、というより露骨に具現化してくる。

①都市政策は計画と事業といういわば近代的な技術（法及び予算さらに組織）によって武装される。

②これら事業によって、例えば高層マンションにより被害を受ける住民とこれを購入する住民、道路拡幅によって立ち退きを強いられる住民と地価が上がると考える住民の利害が「衝突」する。公園（ポケットパーク）もそれ自体だけを取り上げれば抵抗の少ない政策にも「子供が安心して遊べる」という声と「子供の声がうるさい」「キャッチボールが危ない」という声が交差する。さらに都市砂漠の中である種オアシスの復元ともいえる「せせらぎ」も、「ビンや缶が投げ込まれて子供が危ない」という声やら、これによって人の流れが代わり、既存商店街が打撃を受けるというような複雑な事態が起きる。木造密集地こそコミュニテイの担保でありそれが防災であるという考え方と、何よりもコンクリート化こそ防災だと考える考え方が対立するのも容易に想像できよう。

③とくに日本型政策の特徴としていったん国や自治体によって決められた政策は容易には代えられない、ということも強調しておかなければならない。住民は、高層建築、道路、防災などに参加するためには、建築基準法、道路法、景観法などなどの法律や条例を勉強しなければならず、これが大変だ。議会はこのような国民の立場にたって政府（権力）をチェックする機構であり、「立法」に関する唯一で最高の機関である。政治家・議員は国民の「信託」を受けて、法を創る責務を持っている。しかし、本書には議員は全く登場しない。これは日本では政策（立法）はほぼ官僚が独占していて、政治家（国会議員あるいは自治体議員）も「議会」もほとんどほとんど無力だということの逆説的な証明なのだろう。

実際真剣に法改正に取り組む政治家や議会を探すのは住民にとって至難の業であり、政策を実現していくのは、「夢のまた夢」というのが現実なのである。

梅津さんの思想と行動

このような次第で多くの地域で市民運動は長続きしない。反対運動はほとんどが法の壁にはばまれて敗北する。継続しているところでも運動は地域内にとどまる。法改正まで射程に入れている運動は「ダム・道路反対運動」など全国に共通するテーマで全国的な組織が形成された場合などに限られる。このような絶望的な状況の中で梅津さんは40年間もの長い間運動を続けてきた。彼は地域の世話焼きとしてだけでなく、日照権などの法改正を実現させた。公園、せせらぎ、道路、不燃化などについて具体的に沢山の成果を上げてきた。一文にもならず、またほとんどが直接的には自分に関係がないのに、なぜこのように献身的な努力が続けられてきたのか。「路地裏の家の前に並べた植木鉢に水やりする人、道端で立ち話をする人たち、家の中から子供の騒ぐ声が聞こえ、夕餉の支度の匂いが漂う庶民のまち太子堂の風景」が大好きだ、ということが一番である。好きでなければ物事は始まらない。しかし、それだけではもちろん継続できない。長らく住民運動を見ていると、それまで運動をしていた人が、ずっと運動をからリタイアしていくのは、自身の高齢化、生活のひっ迫、役所や裁判所に対する絶望などなど様々な理由があるが、もっともずしんと応えるのが「仲間」（同志）と思っていた人が、このような様々な理由をつけて離れていくという事実である。好きだというだけではこの苦境は乗り切れない。「住み続けたいと思う人は、人任せにしないこと」「利害の対立は避けられない。その場合、専門知と生活知を融合させること」（箇条書き5原則から）「生物はたんぱく質などの分子の破壊と生成を絶えず行っている。1年後の自分は分子レベルではまったく別な人間になっている。これを動的平衡という。まちづくりも変化に対応していかなければならない」「時間と忍耐はまちづくりの必要コスト」「偕生き」「モンスターペアレントと呼ばれるような住民も、それが暮らしに根ざした意見であるかぎり、まちづくりに反映させる努力をしないとコミュニティの形成ができない」というような、読書や体験を通じて培われてきた「思想」が不可欠なのである。

松下教授は最近「日本沈没」を予感するという。「少子・高齢化の時代のまちづくり・第3期」に、この梅津哲学をどう生かし発展させていくか、市民（特に若い人）の大きな宿題となっている。

解題3

自他ともに育みあうコミュニティ創造

NPO法人まちの縁側育くみ隊代表理事　延藤安弘

はじめに――人間づくりの場

本書の著者・梅津政之輔さんは、世田谷太子堂を語りながら、これからのわが国の創造的まちづくりの方法の真髄を述べている。全ての住民主体のまちづくりに共通する「人」のつながりとしての「コミュニティ」づくりと、まちづくりの当事者となる「人の育み」の大切なポイントが、本書全体に網の目のように組みこまれている。梅津さんは「〃参加のまちづくり〃は、行政と住民の双方が既成概念から脱皮し、まちづくり人として共に進化していく人間づくりの場にしたい」と記しているが、ここでは本書の論述と言外の響きの両面から「人間づくりの場」＝「自他ともに育みあうコミュニティ創造」の八つのキーワードをすくいあげたい。本書は「自分たちのまちは自分たちで守り育む人」の「魂」について触れている。

①愛着：40年間無償の活動を持続している梅津さんに「金銭的メリットがないのになぜ続けられるのか」の質問に対して、彼は「太子堂のまちが好きで、このまちに住み続けたいとの思いが50%、あと50%は面白いから続けているのです」と答える。まちづくりは、人がバラの花の匂いをかいでいるときに、私自身がバラの匂いそのものであると感じるように、人がまちに何かのかかわりをもつ中で、その人自身がまちに帰属する気もちをいだく過程を育むことである。梅津さんと住

民仲間たちは、太子堂が好きになる活動を多様に重ねながら、どんどん「面白く」なっていく。住民はまちの自然や歴史や未来との間に相互に帰属しあう意識を育てる、即ち「ひと・まち《コミュニティ》共属関係」を育む存在である。

②楽遊：密集市街地に時をかけて18か所ものポケットパークを手づくり的につくり育んできた。〝とんぼ広場〟が〝一粒の麦〟となって、広場・公園・緑道の掃除・花植えなどの自主的な市民活動が芽を出し、地域全体に波及し育成されていく。その過程で知恵と技をもつ高齢者たちは、子どもたちに生命を育む喜びを伝え、子どもたちはそのお礼に〝ふれあい給食〟に招待する…等の楽遊活動を通して「多世代間連携《コミュニティ》」が育まれていく。

③勇気：楽しさの前後にたゆまず苦難がおしよせてくるのが現代の地域社会である。高層マンション建設、幹線道路拡幅、騒音公害等のトラブルに見まわれた時、立ちはだかる困難に屈せず、勇気をもって抵抗し立ち向かう精神の力強さを発揮し続けた梅津さんと仲間たち。まちの危難に立ち向かい辛苦を耐え忍ぶ勇気というささやかな徳は、創造的まちづくりに欠かせない。40年間の持続のまちづくりには、知識ではなく決断としての、そして見解ではなく行動としての勇気が軸となっている。このような「気もちの育み《コミュニティ》」はどこからくるのであろうか。

④理念：それは、何のためのまちづくりかについての理念・コンセプトに由来する。書名の「暮らしがあるからまちなのだ」が示唆するように、生活者の日々の安心を脅かすものに対しては敢然と対峙し、ひとりひとりが気嫌よく日々を暮らせる共同環境《まち》を如何につくり育むかについてのヴ

ィジョンを、住み仲間とともに紡ぎ、人の生き方とまちの生き方の方向性を分かちあう状況づくりをすすめてきている。創造的まちづくりとは、「生活者の視点」を生命のように大切にする基本的考え方がぶれない理性を堅持することなのだ。理性は普遍的であり、勇気は個人的であるが、普遍性と個人的なことをゆるやかに結びあわせる「まちづくり人育み《コミュニティ》」の典型がここにある。

⑤対話：参加のまちづくりには、多様な対立がつきもの。時には会議の席上梅津さんは強い行政批判の言葉を投げかける時、町会役員から「〃和をもって尊しとなす〃でいきましょう」と忠告される。太子堂の地名は、地元の円泉寺にある聖徳太子を祀ったお堂に由来しているだけに説得力がある。しかし彼は十七条憲法の一条のみならず、十条も引用し「ともにこれ凡夫のみ、是非の程、いずくんぞよく定めべけんや」を持ち出し、対立を乗り越えるための時間をかけた対話の必要性を反省的に考え行動に移していく。地域の歴史文化に根ざした「対立を対話に変える《コミュニティ》」方法を学習し実践に移すやり方は注目される。

⑥協働：行政と住民の対立も住民間の葛藤も乗り越えるためには、楽しい活動の分かち合いの協働が必須である。太子堂〃きつねまつり〃では、若い人たちの面白い企画と、幅広い住民の参加と、行政も共に働き、共に汗を流し、共に感じる過程があった。いわば〃共創〃、〃共働〃、〃共汗〃、〃共感〃がなければ、本物の〃協働〃にはならないのである。「苦楽の協働《コミュニティ》」が、対立を対話に変えるソーシャル・キャピタル（社会資本）を育む。

⑦交流：「修復型まちづくり」とは、一網打尽の再開発事業のような「切開手術型」「西洋医学的」

なまちづくりとは異なり、住民生活と既存環境の状況に応じて、地区の内なる治癒力を育む「東洋医学的」なまちづくりである。「修復型まちづくり」の東西の代表的存在である世田谷太子堂地区と神戸真野地区は、相互に交流し合いながら、この種のまちづくりの日本の最先端をひらいてきている。1995年の阪神・淡路大震災で、真野地区住民がバケツリレーで東尻池7丁目の被災拡大を食い止めた消火活動のエピソードに触れ、梅津さんは涙し、コミュニティ確立の大切さを改めて確信した由。異なる地域間に住民相互に学び合う「開かれた交流活動《コミュニティ》」をすすめることの意義は大きい。

⑧謙虚：成功する住民参加のまちづくりは、以上のキーワードを体現することに加えて、まちづくりのお世話役や当事者たちの謙虚さが求められる。著者は、本書の書きぶりにおいて、過度に自己をひけらかすことなく、自分をわきまえ、住民の仲間たちや行政への批判と敬意のバランスをこめた表現は、読んでいて清々しさを覚える。自己満足、うぬぼれ、独断、ゴウマンさを横にやり、まわりの人々と共に生き（法然のいう「偕《とも》生《い》き」―全ての人間は平等である）、現実を慎しみ深くリアルに受けとめ、他者やまちへの愛を育む謙虚をにじませながらの生き方のデザインには学ぶことが多い。まちづくりを通して、まちの人々が「相互敬愛関係《コミュニティ》」を紡ぐことが、持続するまちの育み、人の育みにつながる。

おわりに――未来の記憶へ

先日世田谷の「シェア奥沢」で小生の世田谷まちづくり幻燈会が催された。その時、本書にある「とんぼ広場」や「烏山川緑道」など太子堂まちづくりの思い出のシーンを紹介した。その際、小生は太子堂まちづくりとそのキーパーソンを褒め称えたが、後日次のようなメールが届いた。

＊

奥沢ではイランで聴いた遊吟詩人を彷彿させる先生の変わらない名調子にうれしくなった半面、小生に対する過大な評価に戸惑うばかりでした。太子堂ではまだ多くの住民が課題を共有し、合意の話し合いの努力を続けていますので私だけあまり持ち上げないようにお願い致します。もし私のことを紹介されるときは、京都の「探検、発見、ほっとけん」に参加した時に教わったまちづくりに必要な「若者、よそ者、馬鹿者」のなかの馬鹿者として紹介してくださるようにお願い致します。

＊

まさしく、謙虚そのものの梅津さんは、他者への誠実な気づかいに溢れている。気づかいとは、いわば「未来の記憶」である。まちづくりにおける自他がお互いにゆるやかに「気づかいを分かちあう《コミュニティ》」ことを通して、人もまちもその「魂」を育んでいく。未来の「自他ともに育みあうコミュニティの創造」の方向感あふれる本書に、多くの人々にふれていただきたい。さらに読者の方々には、ここにあげたこと以外の大切なキーワードを、ページごとのあらたな余白に見出していただきたい。

梅津政之輔（うめづ　まさのすけ）
1930年東京都江東区生まれ。神奈川県立翠嵐高校中退。沖電気工業㈱、㈳化学経済研究所、㈱石油化学新聞社などに勤務。著書に『石油化学工業10年史』（石油化学工業協会）、『日本の化学工業戦後30年のあゆみ』（共著：日本化学工業協会）、『化学製品の実際知識』（共著：東洋経済新報社）など。
太子堂2、3丁目地区まちづくり協議会元副会長。

太子堂・住民参加のまちづくり
暮らしがあるからまちなのだ！

2015年2月15日　第1版第1刷発行

著　者　梅津政之輔
発行者　前田裕資
発行所　株式会社 学芸出版社
京都市下京区木津屋橋通西洞院東入
電話 075-343-0811　〒600-8216
印　刷　オスカーヤマト印刷
製　本　山崎紙工
デザイン　KOTO DESIGN Inc.
山本剛史　萩野克美

ISBN 978-4-7615-1346-7